Angela Wilgess

Só Somos Consciência Quântica?

© 2017, Madras Editora Ltda.

Editor:
Wagner Veneziani Costa

Produção e Capa:
Equipe Técnica Madras

Revisão:
Margarida Ap. Gouvêa de Santana
Jerônimo Feitosa
Neuza Rosa

Dados Internacionais de Catalogação na Publicação
(CIP)(Câmara Brasileira do Livro, SP, Brasil)

Wilgess, Angela
  Só Somos Consciência Quântica?/Angela Wilgess. – São Paulo: Madras, 2017.

ISBN: 978-85-370-1080-8

  1. Consciência 2. Energia 3. Física quântica
  4. Teoria quântica I. Título.

  17-06224   CDD-539

  Índices para catálogo sistemático:
  1. Física quântica 539

É proibida a reprodução total ou parcial desta obra, de qualquer forma ou por qualquer meio eletrônico, mecânico, inclusive por meio de processos xerográficos, incluindo ainda o uso da internet, sem a permissão expressa da Madras Editora, na pessoa de seu editor (Lei nº 9.610, de 19/2/1998).

Todos os direitos desta edição reservados pela

MADRAS EDITORA LTDA.
Rua Paulo Gonçalves, 88 – Santana
CEP: 02403-020 – São Paulo/SP
Caixa Postal 12183 – CEP: 02013-970
Tel. : (11) 2281-5555 – Fax: (11) 2959-3090
www.madras.com.br

Só Somos Consciência Quântica?

Este livro dedico a Deus, minha força e meu viver a cada dia. A meus pais, Reinoldo e Sidonia Sulzbacher, e também a meus filhos, Ricardo e Rafael Wilges. Para mim, são meu bem maior.

Índice

1. Frequência da Energia 9
2. Fenômenos que Ocorrem no Cérebro.................................. 22
3. Cérebro e Neurônios... 35
4. Poder do Pensamento... 50
5. Depressão e a Física Quântica 78
6. Como Colapsa a Função Onda?... 89
7. A Linguagem Sobre a Física Quântica................................ 104
8. Corpo Humano e Física Quântica 111
9. Emoções e Física Quântica.. 126
10. Energia... 141
11. Aspectos da Consciência... 145
12. Teoria Quântica e Consciência 158
13. Bóson de Higgs.. 178
14. Roger Penrose e Hameroff.. 185
15. Amit Goswami 195
16. Teoria Orch Or.. 208

1

Frequência da Energia

Em meio aos avanços em pesquisas e conhecimentos sobre diferentes áreas, prosseguimos conhecendo melhor o que há em nossa volta e como podemos aperfeiçoar o nosso Universo como um todo.

As pesquisas, séculos após séculos, mostraram que o corpo humano sofre frequências de vibração. Vibramos o tempo todo, e, inclusive, nele fica tudo registrado no decorrer do tempo, por meio de ondas de frequência que vêm de todos os lados ao nosso redor.

Portanto, a dimensão é muito maior do que possamos pensar. Muitas pesquisas ainda são necessárias para descobrir como realmente funciona o corpo físico e suas interações. Para isso, o homem ainda deve trabalhar arduamente para entender e decifrar por completo a sua criação.

Essa frequência vibratória sofre interações com o meio no qual está inserido, misturando-se com o campo de energia pessoal e podendo até prejudicar o indivíduo, dependendo da vibração que está ocorrendo ao seu redor ou internamente.

O ser humano tem frequência vibratória que registra a sua assinatura energética em todos os momentos e também esta vibração pode mudar a qualquer momento. Vibramos o tempo todo e com registros, alguns negativamente e outros positivamente, aqui vale lembrar que uma frequência de ódio pode ter uma frequência de vergonha 20 Hz, medo 100 Hz, mágoa 75 Hz, culpa 30 Hz, Amor (compaixão) 532 Hz, Paz 600 Hz, Iluminação 700 Hz, atualmente já existem aparelhos que medem estas frequências e inclusive nos Estados Unidos já existem celulares que medem as frequências de quem está falando.

É necessário para um bom desempenho que cuidemos dos nossos sentimentos e pensamentos, pois isso faz com que a frequência energética mude de padrão.

O comportamento do indivíduo é muito importante. Cada ação tem uma reação, é possível fazer tudo o que queremos, mas arcamos com as consequências.

Como o nosso corpo vibra o tempo todo ao falarmos com uma pessoa, essa frequência muda no decorrer do tempo.

Os comportamentos e sentimentos, tanto negativos como positivos são registrados no Sistema Nervoso Central. E esses registros podem ser percebidos nos olhos não da pessoa no campo físico, mas no mental.

O comportamento e o sentimento interferem a cada instante no padrão vibratório, tendo consequências. No caso de optar por emoções positivas e manter esse padrão, é possível beneficiar-se do meio em que vive e dar forma do jeito como gostaria de levar a vida.

É importante cuidar dos pensamentos e das ações no decorrer do tempo. Porque o Sistema Nervoso Central, sendo parte do cérebro e mente, grava todas as ações, registra tudo.

E também o Sistema nervoso Central faz a interação do corpo físico com o meio em que se vive. Há uma interação constante entre eles, não poderia ser diferente.

Assim também são captadas as interações que ocorrem entre cérebro e mente, associando o físico com o mental, desencadeando processos de ação.

Muitas pessoas não sabem, ou se sabem pouco se importam, com a qualidade e tipos de alimentos ingeridos. Como tudo possui um padrão vibratório, os alimentos também tem essa vibração, e, conforme aquilo que é ingerido, o nosso organismo absorve essa vibração contida nos alimentos. Assim como há interferência da forma como o alimento é trabalhado durante sua preparação. O padrão de frequência da pessoa que está cozinhando ou preparando o alimento interfere na vibração do alimento quando ingerido por outra pessoa.

Por esse motivo, ocorrem dores de estômago ou mal-estares em pessoas que são mais sensíveis e percebem no seu corpo esse padrão vibratório do alimento, sobretudo quando não estão em um nível energético saudável.

Frequência da Energia

O tipo de alimento também pode ser levado em consideração, pois existem alimentos que possuem um padrão vibratório que o organismo leva dias para digerir, por exemplo, as carnes vermelhas, que são mais "pesadas", como dizemos popularmente. Quando ingerimos uma grande quantidade de carne, chegamos a ficar com sono. Outro bloqueio é o álcool, muito prejudicial para o organismo e a mente.

Muitas interferências ocorrem ao nosso redor, assim como também estamos interligados uns com os outros como se fôssemos uma rede de conexão; mas apenas o passo inicial foi dado cientificamente. Como se sabe, a ciência precisa ser comprovada e experimentada.

Hoje, já existem estudos e experimentos que comprovam a interação de uma mente para outra. As tecnologias de ponta conseguem captar, por meio de imagens e ressonância magnética, essa frequência de interação. Afinal, não poderia ser diferente, mas como a Física Quântica levou tanto tempo para ser descoberta e desvendada, em torno de 1900 por Max Planck, com o experimento do corpo negro, foi só depois dessa data que a ciência começou a desvendar o que há de melhor no Universo e abriu portas para que o ser humano pudesse desvendar a si mesmo.

Como somos movidos por energia constantemente trocada dessa energia, ou por frequência de vibração, assim também estamos interligados uns aos outros; mas, para sabermos como isso funciona realmente, certamente muitos pesquisadores e cientistas terão de estudar esse tema para aperfeiçoamento. Ainda se sabe bem pouco como ocorre a conexão de indivíduo para indivíduo. Muitos fenômenos ainda precisam ser desvendados cientificamente e comprovados pela ciência, que está a passos lentos.

Vários cientistas, entretanto, já estão trabalhando nessa área. Mesmo físicos e matemáticos ajudam nos experimentos. Assim, ocorre uma interpretação exata do experimento para conclusão dele. Esse estudo é realizado não somente por neurocientistas ou médicos, mas também por um conjunto de outros pesquisadores.

Há quem diga que estamos procurando muito pelo que já é bastante óbvio para algumas pessoas. Mas para a ciência, a emoção é o maior fator a ser considerado.

A emoção é a maior aliada para o bom desempenho, e também para o mau desempenho no campo vibratório. Somos educados desde que nascemos, portanto esses registros todos, os bons e os maus nos acompanham por toda a vida e interferem no desenvolvimento do ser humano. Os estudos na área da consciência podem contribuir para que o ser humano se conheça da melhor maneira e também saiba como interagir com o Universo. A formação da consciência é aliada forte para o desenvolvimento da humanidade.

Assim, para melhor organizar o estudo e experimentos sobre a psicanálise do ser humano talvez ocorra o abandono de algumas análises e sejam feitas mudança de direção do estudo.

A consciência é considerada uma parte de pesquisa deste século para avançar na Física Quântica, sendo uma das possibilidades para o entendimento da forma de pensar e agir do ser humano. Esse agir gera uma frequência.

Para entendermos melhor a frequência de ondas eletromagnéticas, segue uma explicação detalhada sobre ondas de diferentes formas.

Imagem:[1] Exemplo de perturbação que se propaga. Uma pedra jogada na água.

Para que ocorra essa vibração, existe oscilação de ondas eletromagnéticas. Foi assim que vários cientistas consideraram que há a propagação de ondas ao nosso redor e um novo interior, considerando externo e interno ao corpo físico.[2]

> [...], Uma onda é uma perturbação oscilante de alguma grandeza física no espaço e periódica no tempo. A propagação das perturbações no ambiente formam as ondas, que possuem algumas características que a identificam, como a frequência e a amplitude (energia). A frequência das ondas é a quantidade de oscilações que aconteceu em um

---

1. Fonte: http://www.mundoespirita.net/frequecircncia-e-vibraccedilatildeo.html
2. Fonte: http://www.mundoespirita.net/frequecircncia-e-vibraccedilatildeo.html

determinado intervalo de tempo. As oscilações que ocorrem dentro do intervalo de tempo de um segundo são medidas em Hertz (nome do cientista que estudou o fenômeno). Portanto, para 20 oscilações por segundo, diz-se 20 Hertz ou, abreviadamente, 20 Hz. A amplitude da oscilação revela a quantidade de energia que a onda transporta. Quanto maior a perturbação, maior a amplitude da onda.

Da mesma forma, a frequência pode ser medida no nosso organismo: Hertz.

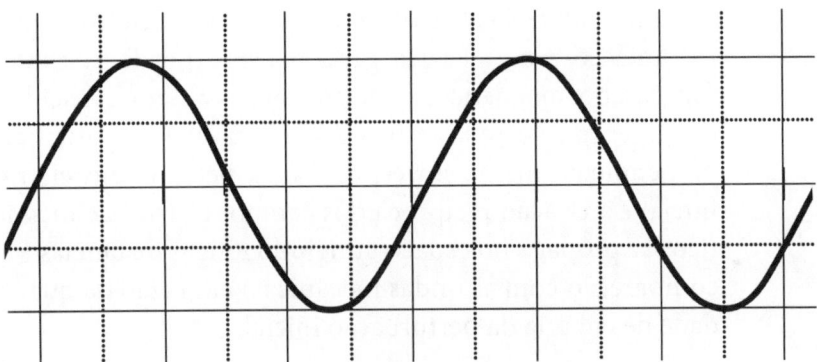

Imagem:[3] Exemplo de representação gráfica de uma onda. Graficamente as ondas podem ser expressas por senoides (ou cossenoides) no eixo do tempo, em que se pode ler a quantidade de oscilações por segundo e a amplitude delas.

A propagação de ondas ocorre em todos os lugares. Existem ondas que se propagam no meio material e que conseguimos visualizá-las olho nu e outras que se propagam no vácuo.[4]

As ondas mecânicas são aquelas que se propagam através de um meio material, seja o ar, a água, o ferro, etc. Esse tipo de onda não é capaz de se propagar no vácuo, onde não há matéria. No exemplo da pedra jogada na água, temos uma onda mecânica: as moléculas da água, próximas da perturbação inicial, chocam-se com as moléculas imediatamente ao lado e repassam a energia. Dessa forma, em uma reação

3. Fonte: http://www.mundoespirita.net/frequecircncia-e-vibraccedilatildeo.html
4. Fonte: http://www.mundoespirita.net/frequecircncia-e-vibraccedilatildeo.html

em cadeia, os efeitos da perturbação se propagam até que a energia seja dissipada completamente na massa de água.

Cientistas estão intensamente de olho na teoria quântica para consciência, assim como a propagação de ondas eletromagnéticas associando ao vácuo.[5]

Ondas eletromagnéticas são as perturbações que se propagam tanto nos meios materiais como no vácuo. A perturbação inicial que dá origem ao processo é normalmente uma perturbação elétrica, como uma variação brusca em um potencial elétrico. Segundo as leis da eletrodinâmica, uma corrente elétrica gera, no entorno do condutor, um campo magnético, que, por sua vez, tem capacidade de gerar um campo elétrico correspondente, orientado perpendicularmente no espaço. Essa perturbação elétrica inicial e a criação recíproca dos campos elétricos e magnéticos se propaga no espaço atingindo longas distâncias (em comparação com as ondas mecânicas) em razão da quantidade de energia da perturbação inicial.

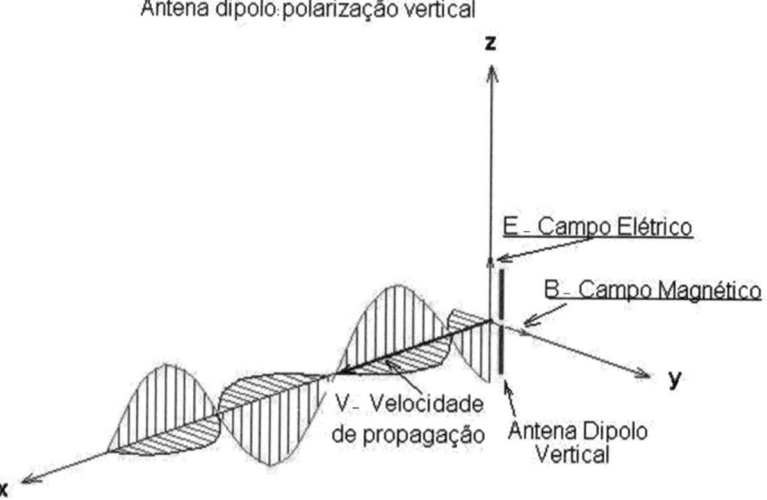

Imagem:[6] Propagação de ondas eletromagnéticas

---

5. Fonte: http://www.mundoespirita.net/frequecircncia-e-vibraccedilatildeo.html
6. Fonte: http://www.mundoespirita.net/frequecircncia-e-vibraccedilatildeo.html

Diferentemente das ondas mecânicas, as ondas eletromagnéticas atingem grandes distâncias, propagam-se no vácuo e penetram materiais. Com relação ao modo de propagação, lembrando o princípio de reação em cadeia dos campos elétrico e magnético atuando reciprocamente, tomamos como exemplo novamente as propriedades das ondas eletromagnéticas usadas na radiocomunicação.

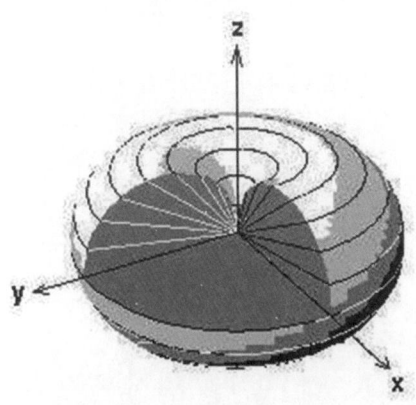

Imagem:[7] Propagação de uma perturbação eletromagnética não dirigida.

Percebe-se diferença de modelos de ondas eletromagnéticas, assim em nosso organismo a propagação do campo energético e a frequência podem ser medidas em Hertz.[8]

Temos que vibração é o movimento de um ponto oscilando em torno de um ponto de referência. A amplitude do movimento é indicada em milímetros ou polegadas. O número de vezes que ocorre o movimento completo em determinado tempo é chamado de frequência, em geral, indicada em Hertz. Assim definido para medição da frequência específica.

Um exemplo simples é sintonizar um canal de rádio em determinada faixa. Do mesmo modo, podemos mudá-la a qualquer momento tanto em nosso organismo como no meio em que vivemos. Basta sintonizar em determinada vibração corpórea.[9]

Tecnicamente falando, é o nome que se dá ao processo de ajuste de dois ou mais elementos a uma única faixa de frequência ou mesmo a uma frequência específica. O exemplo prático elementar é digitar no rádio (sintonizar) a frequência 107,7 MHz, correspondente à frequência do transmissor

---
7. Fonte: http://www.mundoespirita.net/frequecircncia-e-vibraccedilatildeo.html
8. Fonte: http://www.mundoespirita.net/frequecircncia-e-vibraccedilatildeo.html
9. Fonte: http://www.mundoespirita.net/frequecircncia-e-vibraccedilatildeo.html

da rádio FM Cultura de Porto Alegre. Estaremos, com isso, colocando o receptor na mesma faixa de frequência da emissora, permitindo ao aparelho decodificar as mensagens que são enviadas pelo radiodifusor.

Assim como nós, seres humanos, temos vibração e frequência, a Terra também tem a dela, que foi medida e entendida pelo físico alemão Winfried Otto Schumann.

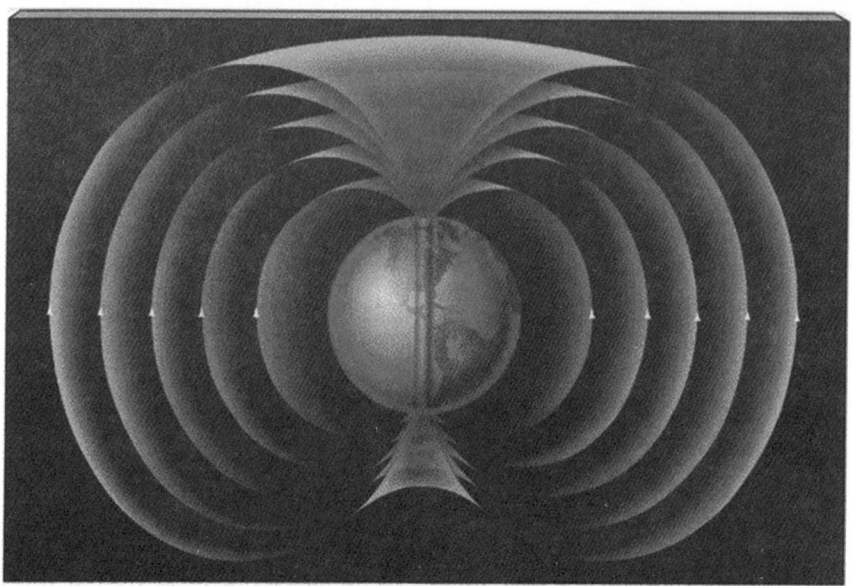

Imagem:[10] No começo do século passado, o cientista de origem croata Nikola Tesla descobriu que a Terra possui uma frequência eletromagnética natural, confirmada no ano de 1950 por Schumann. Este determinou que a ionosfera, a atmosfera exterior que rodeia a Terra, forma um condensador esférico natural, quer dizer, um meio natural de armazenamento de carga elétrica.

---

10. Fonte: https://agendaglobal21.wordpress.com/2011/05/06/tecnologia-de-manipulacao-psiquica-haarp/

Assim ocorre a associação da Terra com o cérebro humano emitindo ondas eletromagnéticas que podem ser medidas com aparelhos específicos.[11]

"A particularidade da frequência terrestre de Schumann é que constitui ao mesmo tempo uma frequência de ressonância natural do cérebro humano. Se forem medidas as correntes elétricas dele, será constatado que ele emite naturalmente ondas eletromagnéticas em uma frequência."[12]

"As ondas eletromagnéticas de alta frequência incidem negativamente na comunicação dos neurônios. A irradiação de energia eletromagnética com radiofrequência de baixa intensidade incide nos sistemas químicos do cérebro e reduz o comportamento agressivo."

Mudanças de comportamento ocorrem por meio de baixas e altas frequências, e o método de medição é o eletroencefalograma. Portanto, mudanças de estado na consciência mudam o padrão energético.

> Ondas cerebrais são formas de ondas eletromagnéticas produzidas pela atividade elétrica das células cerebrais. Elas podem ser medidas com aparelhos eletrônicos como o equipamento de eletroencefalograma. As frequências dessas ondas elétricas são medidas em ciclos por segundo ou HZ (Hertz). As ondas cerebrais mudam de frequência baseadas na atividade elétrica dos neurônios e estão relacionadas a mudanças de estados de consciência (concentração, relaxamento, meditação, etc.) Como você escolhe os programas que são ideais para você?[13]

Isto muitas pessoas desconhecem e acabam se destruindo com seus próprios sentimentos e pensamentos.

A frequência muda conforme vibram as células cerebrais, ou melhor, conforme vibra o corpo todo. Há estudos que comprovam que não somente o cérebro é responsável pela vibração, mas que também existem pontos no corpo inteiro, principalmente no

---

11. Fonte: https://agendaglobal21.wordpress.com/2011/05/06/tecnologia-de-manipulacao-psiquica-haarp/
12. Fonte: https://agendaglobal21.wordpress.com/2011/05/06/tecnologia-de-manipulacao-psiquica-haarp/
13. Fonte: https://agendaglobal21.wordpress.com/2011/05/06/tecnologia-de-manipulacao-psiquica-haarp/

cérebro e neurônios, já que o corpo todo está interligado, acontecendo a transmissão.

Nesse sentido já há empresas que produzem brinquedos que podem ser manipulados por comandos cerebrais. É um vasto campo que pode ser trabalhado quando se souber como funciona realmente o cérebro, porque até agora pouco avanço foi feito nessa área. Entretanto, a teoria quântica tem avançado em tecnologias, e isso fez com que aparelhos modernos também pudessem medir ocorrências cerebrais.[14]

"Empresa aposta em comandos cerebrais para controlar brinquedos do futuro. Capacete com eletrodo envia ordens a sensores colocados em espadas ou carrinhos. NeuroSky é uma das companhias que já aposta no uso das ondas cerebrais para comandar brinquedos e videogames."

Isso será algo novo e instigador principalmente para equipamentos como braços ou pernas mecânicos que poderão ser controlados pelo cérebro. Estudos e pesquisas já são um avanço, mas muito ainda há de se considerar que pode ser descoberto, já que a teoria quântica ainda está a passos lentos quanto à consciência e suas interações.[15]

> Energia é a substância-base de tudo no Universo; sem ela não haveria vida, porque a vida precisa de energia para alimentar sua existência. A energia que criou a nossa "matrix" do tempo e do Universo. Tem uma capacidade única que lhe permite ter expressão infinita, a qual é conseguida pela frequência vibratória.

---

14. Fonte: https://agendaglobal21.wordpress.com/2011/05/06/tecnologia-de-manipulacao-psiquica-haarp/
15. Fonte: https://portal2013br.wordpress.com/2014/09/30/a-relacao-entre-a-doenca-e-a-frequencia-da-energia/

Frequência da Energia

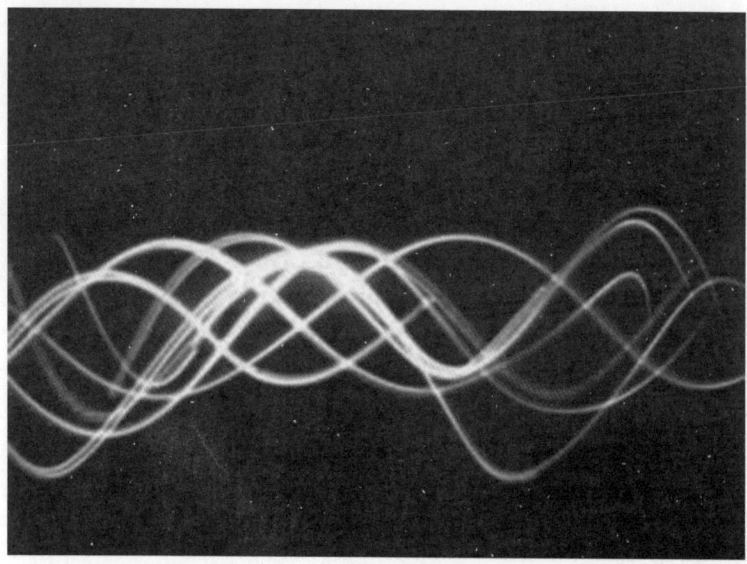

Imagem:[16] A frequência vibratória desempenha um papel importante na criação da nossa realidade física, uma vez que permite que a energia se expresse em qualquer forma, incluindo moléculas, átomos, planetas, estrelas, vida biológica e até mesmo doenças. Para ser mais específica, cada ser ou coisa biológica ou não biológica tem uma assinatura de energia única que vibra em certas frequências e entender como funciona a frequência de energia é importante para o bem-estar, porque quando a energia não está vibrando corretamente, a pessoa fica mais vulnerável a doenças.

Esse é um grande problema. Quando vibramos por um longo período negativamente, acontecem as doenças, porque o corpo físico não suporta por muito tempo essa vibração negativa.

Se as pessoas soubessem o quanto as emoções, as palavras, os sentimentos nocivos constantes e repetitivos prejudicam, muitas delas não gerariam doenças em seus organismos. Muito se deve à falta de informação sobre hábitos errados do dia a dia.[17]

---

16. Fonte: https://portal2013br.wordpress.com/2014/09/30/a-relacao-entre-a-doenca-e-a-frequencia-da-energia/
17. Fonte: https://portal2013br.wordpress.com/2014/09/30/a-relacao-entre-a-doenca-e-a-frequencia-da-energia/

"Em 1992, Bruce Tainio, da Tainio Tecnologia, uma divisão independente da Eastern State University, em Cheny, Washington, construiu o primeiro monitor de frequência no mundo."

Assim começam as descobertas sobre os medidores de frequência. Doenças também podem ser curadas pelo nivelamento de frequência, mas já existem equipamentos que foram construídos com essa finalidade.

A ideia de usar frequência para curar doenças não é nova. Na verdade, esse método foi posto em prática por alguns cientistas no início de 1900. Alguns conseguiram matar células cancerígenas sem danificar as normais usando apenas geradores de frequência. Infelizmente, a maioria desses cientistas foram mortos ou desistiram de suas práticas por causa de ameaças.[18]

> É um problema sério gerado por empresas interessadas em vender remédios, pois no momento que há um controle maior de doenças, as indústrias farmacêuticas baixam suas vendas.
> Na década de 1920, o cientista Royal Raymond Rife M.D. criou um sistema gerador de frequências capaz de tratar um número variado de doenças. Rife teria descoberto que cada micro-organismo possui uma frequência específica e que quando se emite sobre eles uma frequência mais alta e adequada, eles morrem. Cada doença possuiria uma frequência.

É interessante essa descoberta pelo fato de que, conforme a doença, a frequência varia e não que a frequência baixava por causa de uma doença qualquer, ou melhor, que todas as doenças gerariam um mesmo padrão energético. O corpo vibra em razão da bactéria que infecta o organismo, e essa bactéria, ou vírus, gera determinadas frequências vibratórias.

O ser humano interage com vibrações o tempo todo. Essas vibrações e frequências estão no meio em que se vive no dia a dia. Tanto no seu lazer como no profissional, as pessoas com quem convivemos assim como os objetos. Tudo é energia e tudo vibra.

---

18. Fonte: https://portal2013br.wordpress.com/2014/09/30/a-relacao-entre-a-doenca-e-a-frequencia-da-energia/

O cérebro é um órgão do corpo que gasta mais energia do que os demais órgãos, e é por meio do pensamento que é gerada a vibração corporal.

O padrão vibratório do ser humano mostra-se de modo complexo. Quando ele mentalmente vivencia uma experiência com um nível mínimo de consciência, seu padrão vibratório consegue captar, perceber e realizar apenas nessa frequência vibratória em que está, então ele se sente também mais ainda limitado, angustiado e irritado, porque só consegue gerar frequências nesse sentido.

A percepção do corpo por meio da experiência vivida gera essa frequência vibratória e então o processo ocorre, e com o passar do tempo, dependendo do acúmulo de frequência baixa ou negativa, os sintomas de doença começam a aparecer e se manifestar lentamente.

Conclusão

Com a descoberta da teoria quântica por Max Planck, no ano de 1900, muitas mudanças ocorrem nas diversas áreas de conhecimento e da ciência.

Em razão do avanço de tecnologias de ponta, também solucionou-se uma parte da saúde e do conhecimento do ser humano como um todo.

Aparelhos avançados foram construídos e serviram para descobrir doenças e detectar sintomas que ocorrem no ser humano.

Referências

EISBERG, Robert; RESNICK, Robert. *Física Quântica – Átomos, Moléculas, Sólidos, Núcleos e Partículas*. Tradução de Paulo Costa Ribeiro, Ênio Costa da Silveira e Marta Feijó Barroso. Rio de Janeiro: Campus, 1979.

HALLIDAY, David, Resnik Robert, Krane, Denneth S. *Física 3*. 5. ed. Rio de Janeiro: LTC, 2004.

OKUNO, E.; CALDAS, I. L.; SHOW, C.; *Física para Ciências Biológicas e Biomédicas*. São Paulo: Harper & Row do Brasil, 1982.

RESNICK, R.; HALLIDAY, D.; KRANE, K. S. *Física 2*. Rio de Janeiro: LTC – Livros Técnicos e Científicos. Editora S.A., 1996.

2

Fenômenos que ocorrem no Cérebro

A ciência, por meio de experimentos e investigações, desvenda os mistérios que ainda instigam os seres humanos.
Institutos, Universidades, pesquisadores, patologistas, físicos, matemáticos, médicos e principalmente, neurocientistas debruçam-se para elucidar e investigar verdadeiro funcionamento do cérebro.

As investigações são as mais variadas para saber como cada parte do cérebro trabalha; assim ocorrem avanços para descobrir o desenvolvimento de regiões específicas e interações sobre o corpo humano por meio dos neurônios.

Cientistas do Allen Institute analisaram 500 áreas do cérebro humano, encontrando milhões de expressões genéticas. Esse estudo demonstrou que 84% de genes humanos são idênticos, o que comprovou a validade da análise para compreender o desenvolvimento do cérebro humano e avançar em futuras pesquisas.

Assim, as expressões genéticas comprovam que em alguma porcentagem os cérebros são iguais e que o restante é desigual, podendo ser este o motivo da diferença de personalidade de pessoa para pessoa.

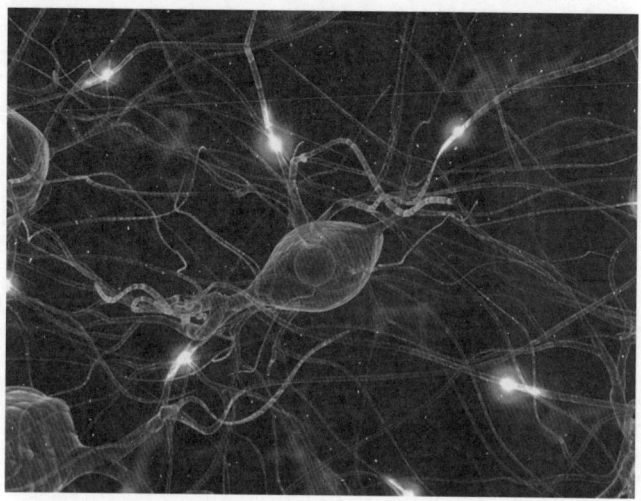

Imagem:[19] O estudo também forneceu um novo ângulo de visão a respeito do funcionamento do cérebro em nível molecular, no qual atuam as doenças degenerativas e também os fármacos que as combatem. Descobriu-se que as sinapses não são todas iguais, pois variam profundamente segundo o gene que as ativou. As mutações das sinapses com frequência estão ligadas a graves doenças neurológicas, explica Seth Grant, professor de neurociências moleculares da Universidade de Edimburgo e coautor do estudo.

Com isso, é possível analisar o nível molecular de cada indivíduo e saber mais a respeito de doenças, haja vista que as sinapses não são iguais, variando a ativação delas.

Os pesquisadores da Universidade de Edimburgo também conseguiram resultados fantásticos quanto a doenças neurológicas e suas ligações.

---

19. Fonte: http://www.brasil247.com/pt/247/revista_oasis/119218/Massa-cinzenta---O-c%C3%A9rebro-%C3%A9-democr%C3%A1tico.htm

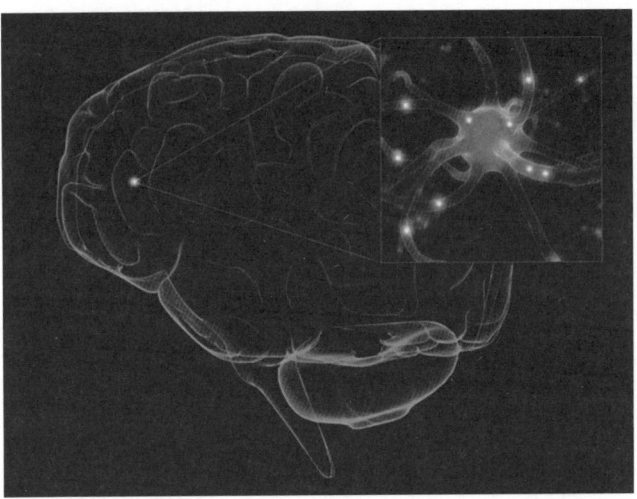

Imagem:[20] Os mistérios da mente e do cérebro pouco a pouco se desvelam a nossos olhos, graças aos progressos da ciência. Novas técnicas fotográficas, por exemplo, são capazes de produzir imagens nunca observadas do emaranhado constituído por nossos neurônios e do funcionamento deles.

Os progressos na ciência quanto ao cérebro e mente acontecem por causa do avanço de tecnologias. Modernos aparelhos são utilizados para fazer ressonância magnética ou fotos e imagens que mostram o funcionamento de neurônios.

As interações do cérebro acontecem por meio de sinapses, as quais parecem ser um tipo de comunicação ou neurotransmissores.

O que vem a ser uma sinapse? É a viagem de um pulso elétrico da cauda da célula, quando chega ao fim e dispara vesículas que contêm neurotransmissores, empurrando para a membrana terminal. E o neurotransmissor pode se ligar a outro receptor, sendo outro neurônio. E assim ocorre uma ligação entre dois neurônios.

Uma incrível comunicação de neurônios, ou uma transmissão; existem diferentes termos para essa interação de um neurônio para outro. Essa ligação que transmite informações, ou transforma, ou liga; ainda é necessário decifrar o que existe entre um neurônio e outro.

---

20. Fonte: http://www.brasil247.com/pt/247/revista_oasis/119218/Massa-cinzenta---O-c%-C3%A9rebro-%C3%A9-democr%C3%A1tico.htm

Existem bilhões de neurônios no cérebro, então é possível imaginar quanta comunicação ou neurotransmissão ocorre e quantas sinapses acontecem o tempo todo no interior do cérebro.

Algumas coisas já são conhecidas sobre essas correntes, e cada vez mais pesquisadores buscam o entendimento dessas ligações para elucidar o famoso cérebro, que tem dado trabalho para os cientistas.

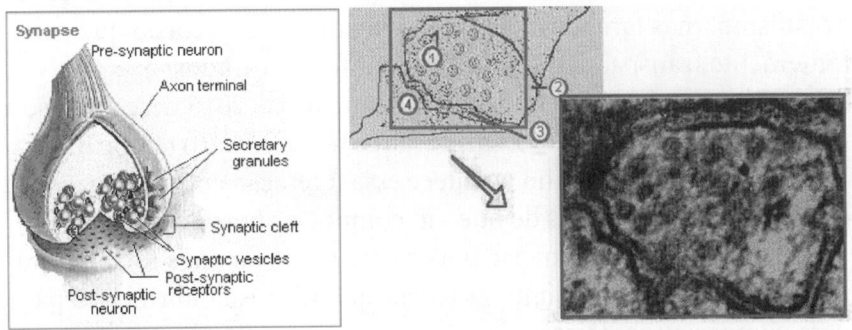

Imagem:[21] Sinapse.

Assim como as sinapses nos neurônios, eles são responsáveis pela coleta de dados e processamento de informações para o meio externo e interno do organismo. É um processo de comunicação entre células. E acontece pelo impulso nervoso passando de uma célula para outra.

Imagem:[22] Todas as nossas sensações, sentimentos, pensamentos, respostas motoras e emocionais, aprendizagem e memória, ação das drogas psicoativas, as causas das doenças mentais e qualquer outra função ou disfunção do cérebro humano não poderiam ser compreendidas sem o conhecimento do fascinante processo de comunicação entre as células nervosas, os neurônios. Eles precisam continuamente

---

21. Fonte: http://www.cerebromente.org.br/n12/fundamentos/neurotransmissores/neurotransmitters2_p.html
22. Fonte: http://www.cerebromente.org.br/n12/fundamentos/neurotransmissores/neurotransmitters2_p.html

coletar informações sobre o estado interno do organismo e de seu ambiente externo, avaliar essas informações e coordenar atividades apropriadas à situação e às necessidades atuais da pessoa.

Quanto trabalho contínuo para as células nervosas, processar todo o sentimento e pensamento, entre outras coisas, monitorando e transmitindo esse conteúdo.

E conforme estudos científicos, não somente o que ocorre no organismo, mas também a energia que em volta do corpo que constantemente transpassa todo o corpo conforme estudos.

Indo mais longe cientificamente, no ano de 2015 descobriu-se a massa dos neutrinos, e eles transpassam o nosso corpo o tempo inteiro. Então, é de se pensar como acontece essa interação entre as sinapses e esses átomos e moléculas de que são compostos nosso cérebro.

Os processos de sinapse podem ser feitos de duas formas: química e elétrica. Atualmente, a teoria quântica está abrindo espaço para compreensão da consciência.

Os impulsos nervosos podem ser de dois tipos: os elétricos e os químicos. Os impulsos químicos transmitem sinais de um neurônio para o outro, ou para outra célula. Os impulsos elétricos propagam sinais dentro de um neurônio. E ainda há neurotransmissores, que são o axônio, que libera substâncias químicas que acabam se ligando a receptores químicos do outro neurônio.

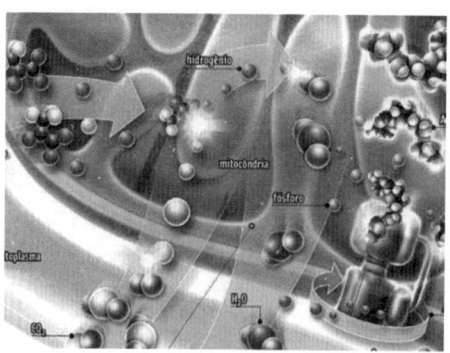

Imagem:[23] As sinapses (comunicação entre os neurônios) consomem a maior parte da energia. Como tem pouco glicogênio de reserva, o cérebro pode sofrer danos graves quando falta glicose, mesmo que por um breve intervalo de tempo.

E ainda assim há um consumo de energia muito grande no cérebro. É o órgão que consome mais energia.

---

23. Fonte: http://mundoestranho.abril.com.br/materia/como-e-obtida-a-energia-que-faz-nosso-corpo-funcionar

Na imagem a seguir, a incrível conexão de um neurônio com outro. Parecem aparelhos tecnológicos conectando-se um ao outro.

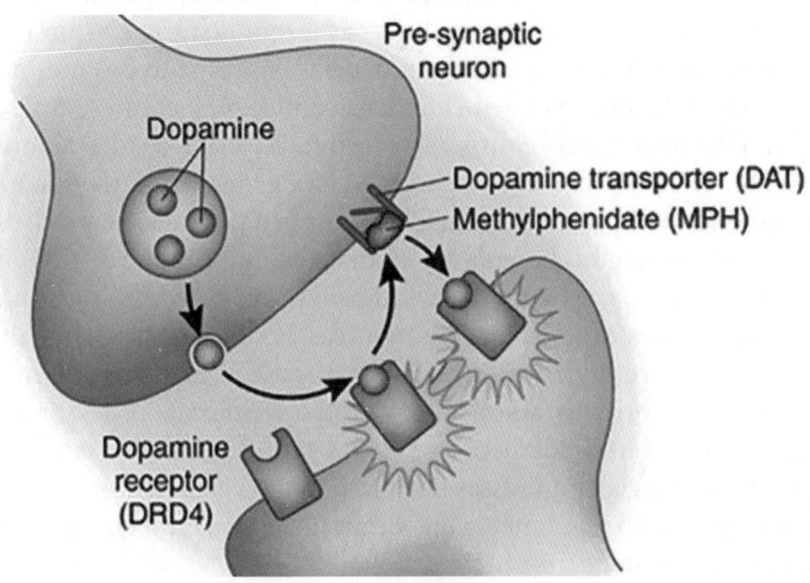

Imagem:[24] Existem cerca de 100 bilhões de neurônios no cérebro humano, tanto quanto as estrelas da Via Láctea. Essas células se comunicam por meio de substâncias químicas do cérebro chamadas neurotransmissores. A dopamina é o neurotransmissor responsável pela motivação, impulso e foco. Ela desempenha um papel em vários distúrbios mentais, incluindo depressão, dependências, transtorno de déficit de atenção e hiperatividade (TDAH) e esquizofrenia.

O ponto-chave da neurotransmissão é a dopamina, responsável por eventos mentais, gerando papéis diversos no indivíduo.

Em uma conferência em San Diego, cientistas constataram que os estudos até apontavam os genes responsáveis quando a cabeça da gente não vai lá muito bem; faltam receptores para eles e que a culpa é dos genes. Então, a partir da conferência viu-se que os genes até faziam a parte deles direitinho, mas o estresse constante faz com que nosso cérebro não funcione tão bem assim.

---

24. Fonte: http://www.robertofrancodoamaral.com.br/blog/alimentacao/como-aumentar-seus-niveis-de-dopamina-a-molecula-da-motivacao/

O estresse causa danos ao cérebro, segundo pesquisadores da Universidade de Wisconsin que realizaram o experimento em ratos.

A emoção está associada profundamente com o estado mental do indivíduo e seu futuro. Os traumas fazem história e ficam registrados, e o indivíduo sofre consequências em respeito dos mesmos.

Quando situações semelhantes acontecem, é como se uma luz vermelha fosse ligada e disparasse, sendo acionada à situação novamente. Hoje em dia, com aparelhos modernos, como ressonância magnética, já é possível detectar mudanças nas células nervosas.

Existem alguns hormônios e um deles com o nome de CRF, que é responsável e também produzido pelo próprio cérebro para quem já sofreu fortes experiências traumáticas, como catástrofes, assaltos, estupros, entre outros. E quem afirma isto é o médico da Universidade de Emory, o americano Charles Nemeroff. A ressonância magnética foi utilizada para que ele e seus colegas pudessem fazer a pesquisa e perceber que essas pessoas têm uma glândula hipófese um pouco maior do que a média da população, então também neste caso o hipocampo também é menor.

Para isso servem as pesquisas, e a ciência avança para entender o que pode ser alterado no dia a dia, e por que acontecem doenças em determinadas situações, como depressão, síndrome do pânico, e assim por diante.

Assim como estamos inseridos em um meio social, familiar e outros, este meio pode interferir no sentimento, pensamento e ação; há uma troca de energias. Em Israel, foi feita uma pesquisa no Instituto de Weizmann, em Rehovot. Esta equipe constatou que as emoções fazem com que vibremos de forma diferente. Os voluntários da pesquisa eram testados e monitorados enquanto visualizavam fotografias, mas, antes disso, eram entrevistados. Então, por meio de aparelhos sofisticados, era constatado um gráfico de ondas típico para cada emoção.

Dependendo do estado emocional do indivíduo podem ocorrer reações por causa de substâncias que se conectam ao estado emocional gerando reações diversas.

Com os aparelhos de ressonância magnética é possível constatar quando a pessoa está feliz; esta felicidade pode dificultar as coisas. Por exemplo, áreas ligadas ao raciocínio lógico e cálculos podem diminuir seu ritmo quando estão banhados em endorfinas; tem-se a sensação de estar com a cabeça na lua.

Isto parece ser um pouco estranho, mas se as pesquisas mostraram isso, quem sabe não faz sentido quando criamos uma ilusão e achamos que tudo está muito bem. A motivação é deixada de lado e ficamos aéreos.

As células banhadas na endorfina relaxam o organismo e o contentamento acaba até prejudicando o raciocínio lógico; em outras palavras, pode-se dizer que acabamos nos acomodando com a situação que está boa assim. De bem com a vida.

Na Alemanha ocorreu uma pesquisa na Universidade de Dusseldorf, com um grupo de pesquisadores com o coordenador Joseph Huston. Foram realizados experimentos em ratos e suas regiões do cérebro, constatando-se que lesões do cérebro até poderiam ter seus benefícios, pois as células eliminadas são produtoras de histamina. Talvez esta seja a opção de o cérebro não guardar tudo o que acontece ao seu redor e sim selecionar algumas coisas mais importantes.

Descobertas fantásticas de cientistas sobre o registro de todos os acontecimentos por meio da emoção. Assim nota-se como existe muita coisa sobre o funcionamento do cérebro e suas interações sem que ainda saibamos. As tecnologias avançadas podem contribuir também com máquinas de alta potência que rastreiam o funcionamento dos neurônios para o melhor conhecimento das interações.

Na Universidade de Washington, a pesquisadora Julie Fiez, realiza experimentos com pacientes que sofreram danos no cerebelo e os que não sofreram esses danos. Ela constatou em seu trabalho sendo: os sujeitos deveriam, quando fossem escutar uma palavra como o verbo chutar, associar a um substantivo, tipo chuteira e pé. Os sujeitos com o cerebelo afetado não automatizavam tão rapidamente as regras do jogo como os que não possuíam nenhuma lesão.

Essas associações e investigações por meio de pesquisas que fazem com que aos poucos sejam descobertas áreas de neurônios ativadas e consequências de reações.

Os axônios são responsáveis para fazer contato com os outros neurônios, como uma rede. Na verdade, quando ocorre o sinal, ele se propaga a uma célula nervosa formando uma corrente. Assim, uma célula pode se unir a várias outras células, ou milhares delas; elas não necessariamente devem estar unidas ou próximas, elas podem estar do outro lado do cérebro. Inclusive pode haver um grande número de arranjos. Esta organização de arranjos pode determinar o funcionamento do cérebro.

Então, uma célula nervosa, quando dispara, pode se unir a várias outras, inclusive nem sendo necessário estar do lado dela, podem estar do outro lado do cérebro. Este funcionamento de interligação é muito estudado pelos cientistas para compreensão da mesma.

Outra pesquisa está sendo realizada pelo professor Marcus Raichle, da Universidade de Washington, cuja equipe descobriu que ondas elétricas se propagam para todo o cérebro.

São processos mentais do dia a dia, e mesmo que a pessoa esteja descansando, com a mente em repouso, pode estar planejando o futuro e revendo lembranças do passado que afetam as funções internas. Essas ondas elétricas ao se propagarem podem formar padrões complexos mesmo durante o sono, quando não está pensando em nada ou realizando nenhuma ação, mas a complexidade do cérebro é grande e foi isso que o grupo de cientistas constatou em seu estudo e experimentos, que na atualidade já começam a ser desvendados em virtude das tecnologias de ponta que proporcionam estes experimentos amplos.

Resumindo, quer dizer que a mente-cérebro-consciência (a interligação) não para de trabalhar, mas o mais curioso deve ser como acontece esse processo de rever o passado ou planejar o futuro mesmo em repouso e estado de sono profundo.

Essas são perguntas que permanecem em aberto, pois estudos científicos mostram que a mente continua trabalhando, mas para que e como ainda não se sabe. Quem talvez esteja mais perto de tudo isso sejam os cientistas da teoria quântica.

Fenômenos que ocorrem no Cérebro

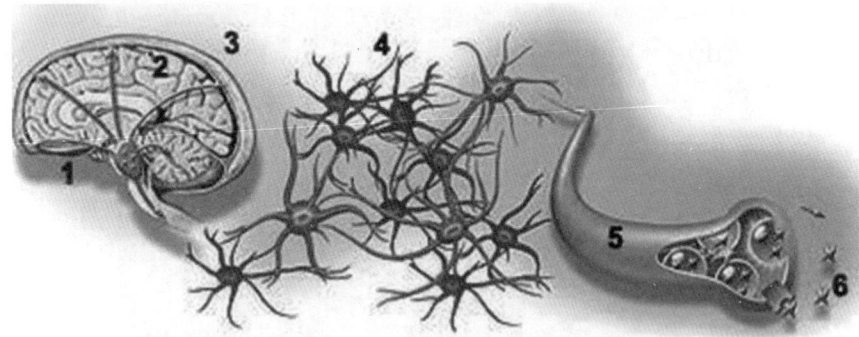

Imagem:[25] 1 – Substância negra; 2 – Cérebro; 3 – Córtex cerebral; 4 – Neurônios; 5 – Eixo de neurônios; 6 – Moléculas de dopamina. Os impulsos gerados pela célula nervosa, provocando a sinapse.

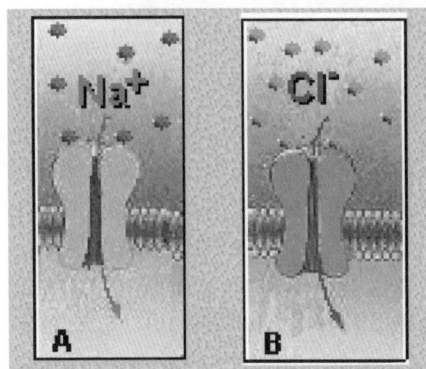

Imagem:[26] Um impulso chegando no terminal pré-sináptico provoca a liberação do neurotransmissor.

A. As moléculas ligam-se aos canais de íon, cuja abertura é controlada pelo transmissor, na membrana pós-sináptica. Se o Na^+ entra na célula pós-sináptica por meio dos canais abertos, a membrana se tornará despolarizada. B. As moléculas ligam-se aos canais de íon, cuja abertura é controlada pelo transmissor, na membrana pós-sináptica. Se o Cl- entra a célula pós-sináptica, através dos canais abertos, a membrana se tornará hiperpolarizada.

A incrível dança do pré-sináptico e a interação da sinapse, como os canais se interligam uns aos outros.

Outros estudos comprovam que as células são substituídas por novas no decorrer do tempo, dependendo de cada órgão de funcionamento, variam. Em um ano, células são substituídas praticamente por outras novas.

---

25. Fonte: http://galileu.globo.com/edic/128/rdossie3.htm
26. Fonte: http://www.cerebromente.org.br/n12/fundamentos/neurotransmissores/neurotransmitters2_p.html

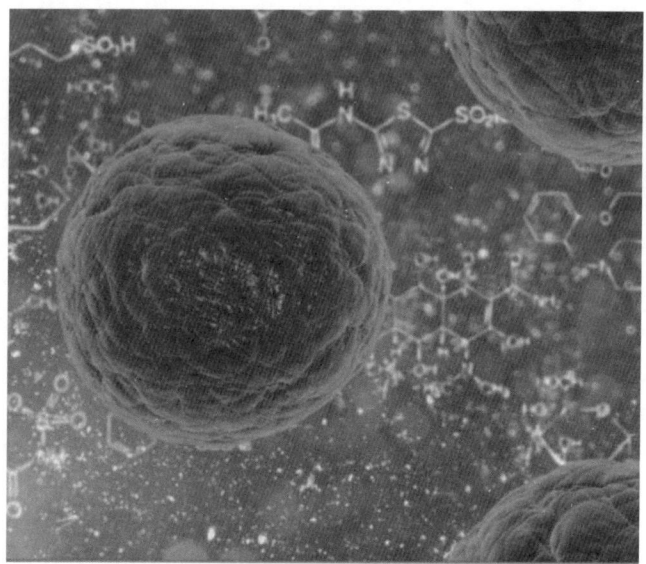

Imagem:[27] Uma matéria publicada no *How Stuff Works*, relembrou estudos feitos na década de 1950, em que pesquisadores descobriram que nosso corpo possui poder de rejuvenescimento celular, tendo 98% dos átomos que formam as moléculas celulares substituídas anualmente. Os novos átomos são adquiridos pelo ar que respiramos, dos alimentos que comemos e dos líquidos que bebemos.

Então, tudo muda o tempo todo. Cada interação com ar, água, líquido ou comida transforma o nosso corpo pelo fato de que novos átomos são ingeridos no decorrer do tempo, e então em consequência disso nosso corpo muda e nossa consciência também.

Um fato curioso ocorreu nos Estados Unidos no ano de 1848, quando explodiu uma dinamite por acidente, e nesse estouro uma barra de ferro atravessou a bochecha de um dos operários e saiu no topo da cabeça. E o interessante disso é que ele não perdeu a memória e não sofreu nenhuma sequela física. Isto permaneceu como um enigma para a ciência, mas, nos últimos anos, descobriu-se que a barra de ferro justamente passou por lugares que não afetam a memória, que é o lobo frontal.

---

27. Fonte: http://www.jornalciencia.com/saude/corpo/4247-todas-as-celulas-do-corpo-humano-se-renovam-completamente-a-cada-7-anos-mito-ou-verdade.html

Estão sendo desvendados por cientistas os locais de cada ação no cérebro. A constituição e partes de funcionamento, quando atingidas por algo, ou partes danificadas do mesmo, parece uma máquina que, quando uma peça está estragada pode não interferir completamente no restante do funcionamento da máquina, mas apenas alguns entraves.

A busca e conhecimento só têm avançado por causa da potência de equipamentos que conseguem rastrear e decifrar com melhor nitidez o funcionamento do cérebro.

Atualmente, já é possível rastrear o cérebro com técnicas eficientes, o mundo tecnológico propiciou isso. Comparam-se imagens entre pacientes e regiões que podem demonstrar alterações de personalidade de indivíduo para indivíduo. Assim, começamos a entender cada região do cérebro e se ocorrem possíveis danos nessas regiões, alterando a personalidade conforme a lesão.

A ciência avança para o entendimento de lesões e locais machucados, mostrando o real papel de interações complexas no sistema nervoso e suas células.

Em uma criança pode-se retirar quase a metade do cérebro; certos estudos sugerem que pode ser mais do que a metade dele, e há a recomposição neural. Até os 10 anos de idade da criança, o neurônio é aprendiz. Quanto mais o ser humano cresce mais dificuldades possui para esta reposição. E a pergunta para a ciência ainda vai longe quando o assunto é as regiões da massa cinzenta, influenciando uma na outra. Se em uma criança se retira a metade do cérebro e há reconstrução total dele, nos resta dizer que estamos engatinhando para saber mais sobre a interação do cérebro e como esta massa cinzenta funciona. Só a ciência, com o trabalho árduo, pode responder tais questões que ampliam o conhecimento do ser humano sobre si mesmo.

Reconstrução talvez seja a palavra mais sensata para tudo isso, uma potência a ser desvendada no decorrer do tempo pelos cientistas. Quanto mais perguntas se responde, mais dúvidas aparecem no emaranhado.

Pensamos que já desvendamos boa parte da questão, mas percebo que quanto mais se sabe sobre o pensar e agir do ser humano, mais perguntas subsequentes aparecem para completar lacunas.

Conclusão

Os mais variados fenômenos ocorrem no cérebro humano; atualmente muitos estudiosos estão se interessando pelo assunto e principalmente por modelos relacionados à Física Quântica. Os neurônios estão dando trabalho.

Referências

ALPHEY, Luke. *DNA Sequencing: From Experimental Methods to Bioinformatics*. New York: Springer, 1997. Capítulo: 17: Protein Structure Prediction., p. 179. ISBN 0-387-91509-5.

CONROTTO, P (2008). *Proteomic Approaches in Biological and Medical Sciences: Principles and Applications*. Experimental Oncology 30 (3): 171-80.

SCHERAGA, HA (2007). *Protein-folding Dynamics: Overview of Molecular Simulation Techniques*. Annual Review of Physical Chemistry 58: 57-83.

XIANG, Z (2006). *Advances in Homology Protein Structure Modeling*. Current Protein and Peptide Science 7 (3): 217-27.

3

Cérebro e Neurônios

Uma análise criteriosa do cérebro e consciência e seu desenvolvimento. Por meio da emoção a consciência se manifesta, pela interação com outros indivíduos.

As emoções são o que mais comanda o funcionamento e interações do cérebro. A consciência é afetada nas interligações com os outros; as emoções conseguem fazer com que a consciência seja despertada e modificada quando ações externas e internas acontecem.

Em suas peculiaridades, o cérebro funciona e tem diferentes partes que executam diversas tarefas, inclusive com cores diferentes. E com funcionalidades diferentes.

O cérebro fica dentro do crânio. Este tem a parte do sistema nervoso central, e pesa em torno de 1,3 quilo a massa de tecido cinza-rósea. Quando o cérebro é repartido em duas partes diferentes, uma é cinza e a outra é branca. A parte cinza contém o córtex cerebral e 40 áreas diferentes, e cada área tem uma funcionalidade diferente e específica. E também no córtex existem neurônios.

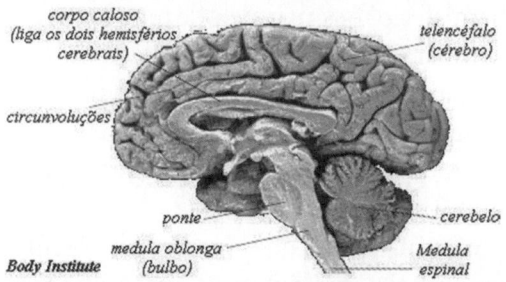

Imagem:[28] O cérebro é composto por cerca de 100 bilhões de células nervosas conectadas umas às outras e responsáveis pelo controle de todas as funções mentais. Além das células nervosas (neurônios), o cérebro contém células da glia (células de sustentação), vasos sanguíneos e órgãos secretores.

---

28. Fonte: http://www.webciencia.com/11_04cerebro.htm

A composição do cérebro é perfeita para o funcionamento, apesar de um grande número de neurônios se interligando e se comunicando para obter e transmitir informações sobre o corpo e seu exterior.[29]

> Um neurônio piramidal do córtex cerebral, com seu dendrito apical para cima, circundado em toda a volta por neurópilo. O núcleo é claro, com cromatina bem distribuída e finas condensações junto à membrana nuclear. O nucléolo não está neste plano de corte, mas pode ser visto em outra célula. O citoplasma tem limite nítido e é riquíssimo em organelas, detalhadas em outros campos. O neurópilo é constituído por prolongamentos intimamente imbricados das células do tecido nervoso, inclusive dos próprios neurônios (dendritos e axônios), e dos astrócitos, oligodendrócitos e micróglia.
> Ele tem três componentes estruturais principais: os grandes hemisférios cerebrais, em forma de abóbada (acima), o cerebelo, menor e com formato meio esférico (mais abaixo à direita), e o tronco cerebral (centro).

As composições e regiões do cérebro, em suas estruturas. Formando um conjunto perfeito, com neurônios prolongados.

Os hemisférios cerebrais parecem ser simétricos mas alguns parecem ser simétricos possuindo funções diferentes e que podem ser desempenhadas em um único hemisfério. Assim um pode ter o hemisfério dominante na linguagem e operações lógicas, enquanto o outro hemisfério domina as emoções e capacidades artísticas e espaciais. Estes hemisférios podem conectar-se um ao outro pelo corpo caloso.

Cada hemisfério tem funções específicas e até há uma justificativa para os canhotos; tudo tem um porquê.

Em pesquisas realizadas foi constatado que o cérebro possui regiões específicas para a visão, audição, movimentos automáticos, paladar, emoções e muitas outras que sentimos o tempo todo durante 24 horas do dia. Mas muito ainda há de se descobrir sobre a fantástica memória e suas funcionalidades.

---

29. Fonte: http://anatpat.unicamp.br/bineucortexnlme.html

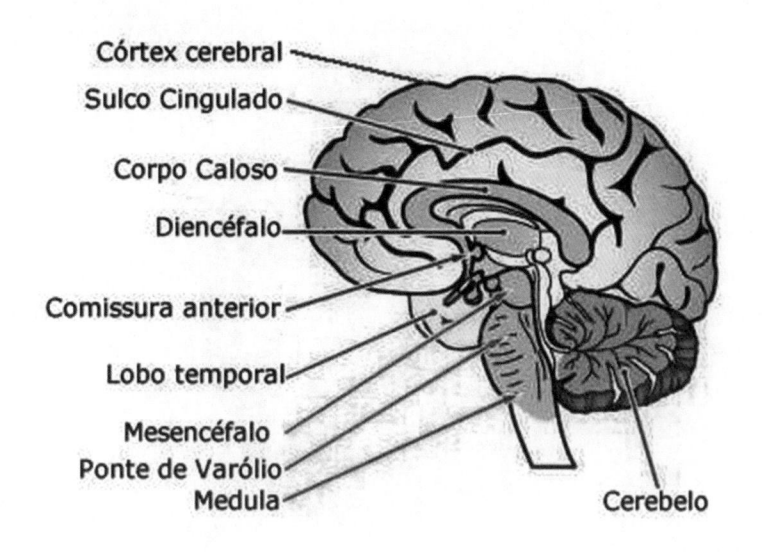

Córtex cerebral
Sulco Cingulado
Corpo Caloso
Diencéfalo
Comissura anterior
Lobo temporal
Mesencéfalo
Ponte de Varólio
Medula
Cerebelo

Está aí a questão a ser analisada criteriosamente pelos cientistas, sendo talvez o que mais intriga atualmente pesquisadores da área.

Alguns cientistas como Penrose, Hameroff, Amit Goswami trabalham muito na questão da emoção e consciência interligadas com a Física Quântica para explicar detalhadamente o funcionamento das emoções e dos pensamentos.

Imagem:[30] A aprendizagem motora e os movimentos de precisão são executados pelo córtex pré-motor, que fica mais ativa do que o restante do cérebro quando se imagina um movimento sem executá-lo. Lesões nessa área não chegam a comprometer a ponto de o indivíduo sofrer uma paralisia ou problemas para planejar ou agir, no entanto a velocidade de movimentos automáticos, como a fala e os gestos, é perturbada. Além dos hemisférios, de quem dependem a inteligência e o raciocínio do indivíduo, o cérebro é formado por mais dois componentes, o cerebelo e o tronco cerebral, sendo o primeiro o coordenador geral da motricidade, da manutenção do equilíbrio e da postura corporal.

A imagem acima mostra detalhadamente cada parte do cérebro especificando as regiões. Tudo está perfeitamente conectado para o desenvolvimento e ação do ser humano.

---

30. Fonte: http://www.infoescola.com/anatomia-humana/cerebro/

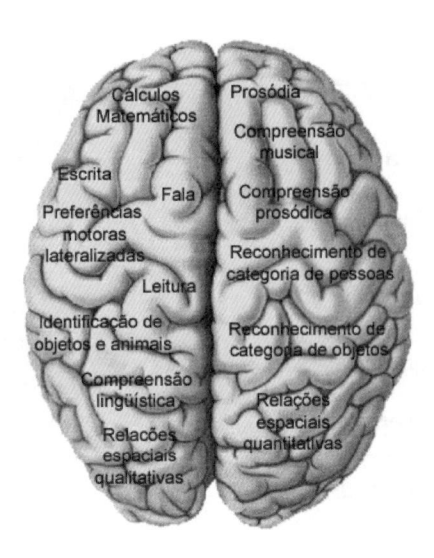

Imagem:[31] O cérebro é dividido em hemisférios esquerdo e direito, sendo o primeiro o dominante em 98% dos humanos, já que é responsável pelo pensamento lógico e competência comunicativa. Nele estão duas áreas especializadas: a Área de Broca, córtex responsável pela motricidade da fala, e a Área de Wernick, córtex responsável pela compreensão verbal. Já o hemisfério direito é quem cuida do pensamento simbólico e da criatividade. Nos canhotos essas funções destinadas aos hemisférios estão trocadas.

Isso quer dizer que as funções podem ser trocadas de indivíduo para indivíduo, como é o caso de canhotos, não que tenha de ser uma regra geral.

O córtex cerebral é responsável pela transmissão dos impulsos elétricos, assim como a ponte de varólio é responsável por ligar o cerebelo ao córtex cerebral e constituído por fibras nervosas.

As sinapses dos neurônios são correntes elétricas com finalidade de transmissão destes impulsos elétricos e ficam no tálamo, indo e vindo no córtex cerebral. Na área da Broca, convergem os lobos occipital, temporal e panietal, sendo que nessa área acontece a compreensão do

---

31. Fonte: http://www.infoescola.com/anatomia-humana/cerebro/

que se ouve e também a organização de palavras; esta região possui um vale importante na vida do indivíduo.

Cada região atua para completar o sistema nervoso e a conexão perfeita de tudo que possibilita a conversação, pensamento e armazenamento de conteúdo, digo, memória.

Imagem:[32] Responsável pelas funções de: Movimento, Equilíbrio e Postura. Sem ele nós sairíamos por aí como marionetes ambulantes. A palavra cerebelo vem do latim para pequeno cérebro. O cerebelo fica localizado ao lado do tronco encefálico.

Cada peça tem uma determinada função, e o conjunto organiza a vida do ser humano, em sua fala, pensamento e memória.

Imagem:[33] Um rapaz de 20 anos possui cerca de 176 mil quilômetros de circuitos cerebrais organizados entre o encéfalo e a medula espinal. Trata-se daquela massa cinzenta, o conjunto dos circuitos de fibras nervosas, que coloca em conexão as centenas de bilhões de neurônios presentes em nosso cérebro. Esse extraordinário emaranhado de fios nervosos é o responsável pela passagem de informações entre as várias áreas cerebrais.

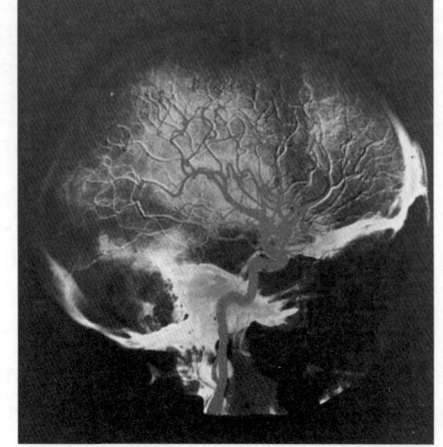

Então podemos perceber quanto emaranhamento de fios compõe o cérebro, sua comunicação e os circuitos que acontecem a cada instante.

---

32. Fonte: http://www.fiocruz.br/biosseguranca/Bis/infantil/cerebro.htm
33. Fonte: http://www.brasil247.com/pt/247/revista_oasis/119218/Massa-cinzenta---O-c%-C3%A9rebro-%C3%A9-democr%C3%A1tico.htm

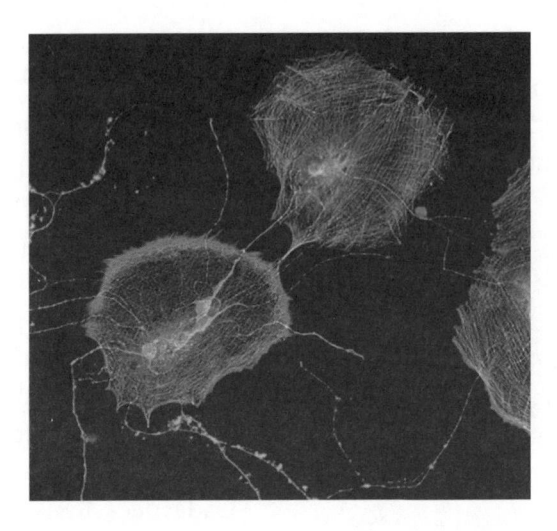

Imagem:[34] Em relação aos neurônios, protagonistas indiscutíveis e unidades básicas do funcionamento do cérebro, as células da glia (também chamadas neuroglia ou simplesmente glia, palavra grega para cola, ou gliócitos) são células não neuronais do sistema nervoso central que proporcionam suporte e nutrição aos neurônios). Tais células, aqui vistas em uma micrografia de imunofluorescência, durante muito tempo foram relegadas ao papel de simples suportes físicos do sistema neuronal. Mas a sua função de nutridoras das células cerebrais é fundamental para o correto funcionamento da comunicação sináptica.

A união do processo acontece com diferentes papéis. As sinapses são processadas por células que as compõem particularmente em muita sintonia e ação pelas células glia.

Estudos mais recentes confirmam o emaranhamento e micrografia de imunoflurescência, como na imagem acima. Percebe-se que há uma diferença nas células para o suporte neural. Como se elas servissem como cola e fundamentais para a sinapse.

---

34. Fonte: http://www.brasil247.com/pt/247/revista_oasis/119218/Massa-cinzenta---O-c%C3%A9rebro-%C3%A9-democr%C3%A1tico.htm

Cérebro e Neurônios

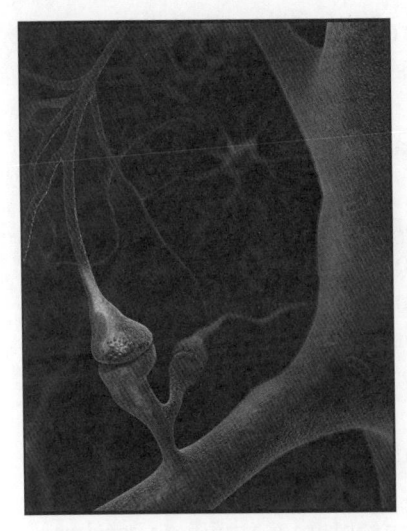

Imagem:[35] A ação existe, embora não seja visível. Esse neurônio, com efeito, foi capturado (e redesenhado no computador) no momento exato em que estava para transmitir um sinal. O nosso cérebro contem bilhões de neurônios que se comunicam e trocam informações por meio das sinapses (conexões elétricas). Tais mensagens químicas são fundamentais para a formação dos pensamentos, o controle dos movimentos do corpo e os nossos comportamentos. Segundo um recente estudo, seria exatamente a atividade elétrica a influenciar a linguagem dos neurônios. Alterando essa atividade, que se inicia no sistema nervoso central, os pesquisadores descobriram que é possível modificar o modo pelo qual os neurônios conversam entre si.

A incrível conexão sináptica entre células e sua comunicação, em que bilhões de neurônios se juntam e se comunicam para ação do ser humano, como pensamento, fala e agir, em todos os sentidos.

Imagem:[36] Os neurônios do cerebelo também são chamados de células de Purkinje: se para o cérebro de um adulto trabalhar são necessários 150 bilhões de neurônios, os quais criam cerca de 20 mil interconexões para o cerebelo; as células de Purkinje conseguem produzir até 200 mil.

A natureza e o corpo humano têm também a sua beleza no mais íntimo da matéria e dentro do organismo.

---

35. Fonte: http://www.brasil247.com/pt/247/revista_oasis/119218/Massa-cinzenta---O-c%-C3%A9rebro-%C3%A9-democr%C3%A1tico.htm
36. Fonte: http://www.brasil247.com/pt/247/revista_oasis/119218/Massa-cinzenta---O-c%-C3%A9rebro-%C3%A9-democr%C3%A1tico.htm

As diferentes regiões do cérebro, por causa da diferença em suas ações, também têm uma composição e imagens diferentes para transmissão.

Os milhares de interconexões realizadas pelos neurônios no cerebelo pelas células Purkinje.

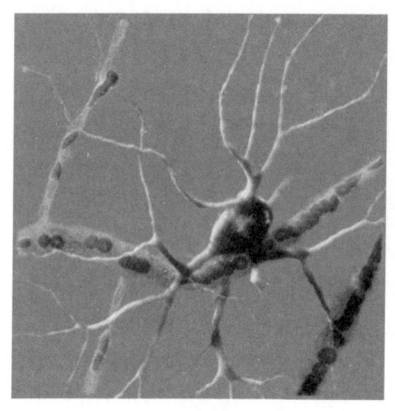

Imagem:[37] Numa parte do cérebro do tamanho de um grão de areia podem ser encontrados até 100 mil neurônios, para um total de 100 bilhões de células de um cérebro médio no momento do nascimento: são elas que tornam possíveis a recepção e a retransmissão das informações que consentem a atividade cerebral.

A beleza dentro do nosso organismo que não enxergamos, é uma sinfonia de forma maravilhosa e perfeita. Uma verdadeira obra de arte em nosso interior. Parece mais um desenho artificial das células neurais, mas essa é a beleza interna do ser humano.

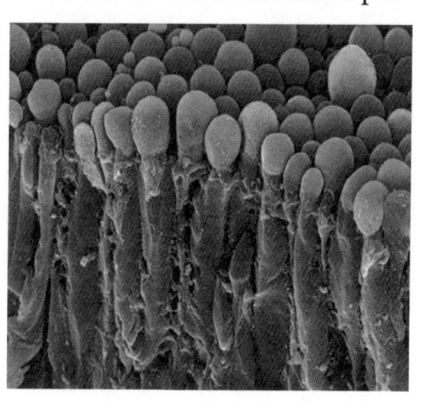

Imagem:[38] Uma fotografia, às vezes, pode demonstrar que a ciência também é pura arte. Aqui, quem dá um show são as células do plexo coroide: essas projeções de tecido não nervoso estão presentes nas cavidades encefálicas e envolvidas na produção do líquido cérebro-espinhal. As colunas verticais visíveis na foto representam exatamente essas células cujas pontas inchadas estão cheias de líquido que, uma vez expelido, circunda e protege o cérebro e a medula espinhal.

---

37. Fonte: http://www.brasil247.com/pt/247/revista_oasis/119218/Massa-cinzenta---O-c%-C3%A9rebro-%C3%A9-democr%C3%A1tico.htm
38. Fonte: http://www.brasil247.com/pt/247/revista_oasis/119218/Massa-cinzenta---O-c%-C3%A9rebro-%C3%A9-democr%C3%A1tico.htm

Cérebro e Neurônios

A beleza interna do nosso corpo dão um show de imagens com as pontas inchadas das células de proteção. A perfeição e obra de arte de cada célula do cérebro.

Mesmo com tanta informação a respeito da massa cinzenta, muito ainda é mistério; lacunas permanecem em aberto mesmo que físicos e neurocientistas tentem elucidar com a Física Quântica, que também é nova, com apenas cem anos de iniciação.

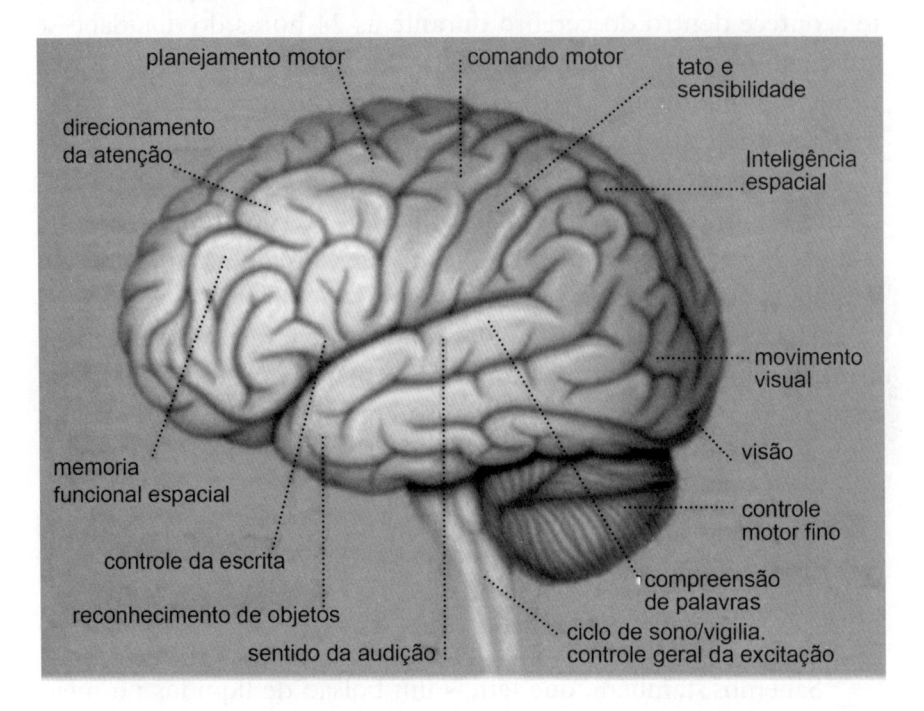

[Figura: representação do cérebro com indicações das áreas: planejamento motor, comando motor, tato e sensibilidade, direcionamento da atenção, Inteligência espacial, movimento visual, visão, memoria funcional espacial, controle motor fino, controle da escrita, compreensão de palavras, reconhecimento de objetos, ciclo de sono/vigília, controle geral da excitação, sentido da audição]

Imagem:[39] No interior do cérebro fica a massa branca. Lá existe uma complexa rede de comunicação: quando você quer fazer qualquer coisa, é a rede de neurônios da massa branca que transmite as informações para que sua vontade seja realizada a uma velocidade de até 400 quilômetros por hora.

Percebe-se a rapidez da comunicação entre os neurônios, a uma velocidade fantástica em estado normal do corpo.

Os neurônios se comunicam e milhares são acionados o tempo todo para a perfeição e transmissão de conteúdo de um para o outro.

---

39. Fonte: http://www.sobiologia.com.br/conteudos/Biokids/Biokids3.php

As pesquisas mostram também que a massa cinzenta gasta bastante energia em comparação ao resto dos órgãos do corpo.

Usamos todas as partes do cérebro praticamente em uma ação, e ele tem apenas 2% do peso do corpo humano, mas gasta 20% da energia, então, praticamente, o cérebro é o órgão que mais gasta energia no nosso organismo.

Pesquisadores chegam cada vez mais perto do que realmente acontece dentro do cérebro durante as 24 horas do dia. Sabe-se atualmente que mesmo quando em sono profundo, estão ativas o raciocínio, não que a consciência também durma durante o sono, mas que esteja ativa o tempo todo.

Estudos de imagens demonstram que podemos ativar praticamente 24 horas por dia todas as regiões do cérebro, mesmo durante o sono. Mas estudos também indicam que as regiões não disparam simultaneamente durante o tempo todo.

Durante o dia são executadas milhões de tarefas corriqueiras e armazenados sentimentos informações, bem como interações com o meio em que vivemos. Disparamos em uma velocidade bastante rápida os pensamentos e a fala, porém isso ainda cientistas não conseguem decifrar completamente.

Cientistas acreditam que possa haver novos neurônios praticamente em todo o cérebro, mas há uma determinada região com maior produção deles. Nos Estados Unidos, no Instituto de Salk, o neurobiólogo Alysson Muotri constatou isso em sua pesquisa.

Sabemos, também, que temos um bolsão de líquidos no meio do cérebro, segundo estudos de pesquisadores.

Atualmente imagens fornecem alguns detalhes de regiões do cérebro, mas nem tudo é possível verificar e entender com os atuais métodos.

Para a formação da memória, temos o hipocampo. Os cientistas ainda estão intrigados com esta área, pelo fato de ser uma área que tem muita memória nos poucos neurônios nascendo.

As memórias também são guardadas em lugar específico, embora ainda não se saiba muito a respeito de como são as interações da memória e como os neurônios nascem. Percebe-se que é vasto o campo para os cientistas. Não descartando possibilidades e instigações, novos modelos vão surgindo com equipamentos sofisticados que conseguem traçar um novo limiar para as perguntas que surgem no decorrer do tempo.

O cérebro é uma máquina poderosa conforme estudos realizados nos Estados Unidos, na Universidade de Brown, pois pesquisadores implantaram eletrodos no cérebro, movimentando braços e registrando acontecimentos.

Isso tudo é fantástico quando analisamos quanta coisa é possível realizar com essa máquina poderosa que é o nosso cérebro.

Em um experimento realizado com um macaco na Universidade de Parma, na Itália, foram colocados eletrodos no cérebro do macaco, e quando este levantava um braço ou realizava algum movimento, os neurônios disparavam. Esse experimento foi realizado 15 anos atrás e os fios estavam conectados aos neurônios.

Aparelhos modernos podem ajudar atualmente a encontrar as respostas para tantas perguntas. Basta paciência e estudo com modelos e adaptações que levam à compreensão do todo. Inclusive, primatas são usados no estudo.

Nesse experimento com o macaco foi descoberto o neurônio, -espelho, pois em um momento, despretensiosamente, um objeto foi levantado ao lado do macaco e o neurônio disparou. Porque a mente do macaco começou a simular o que os outros fizessem ao seu redor Então, no ano de 1996, definitivamente foi publicada essa descoberta do neurônio-espelho.

Essa descoberta com neurônios-espelho mostra que existe uma conexão de um indivíduo com o outro, apesar de cada um ser independente. Estamos de certo modo interligados, quando existe uma ação em um determinado lugar e instantaneamente em outro lugar algo se move e acontece. Isto quer dizer que o que acontece ao seu redor pode influenciar quem somos e mudar quem somos mesmo sem querer.

Portanto, tanto faz se nós fazemos ou temos a ação de outra pessoa, acabamos fazendo as mesmas coisas que o outro faz sem nos darmos conta disso. Então, sabe-se que fazemos parte de um todo, as pesquisas mais avançadas de médicos já adotam uma filosofia oriental.

Somos todos um e estamos interconectados. Na verdade, somos a soma de objetos e pessoas ao nosso redor, tudo interagindo; sendo assim voltamos ao ponto da cultura na qual estamos inseridos interfere no comportamento do indivíduo.

Agora lança-se a pergunta: como será que acontece essa interação de grupo? Atualmente, cientistas já opinam fortemente, explicando por meio da Física Quântica, muito recente.

Na Alemanha, na Universidade de Göttingen, foi realizada uma experiência usando a técnica de aumento de aprendizagem, o que muitos pesquisadores não aceitam como sendo possível. Mas por meio da técnica, os voluntários levaram choques relacionados a áreas direcionadas aos movimentos e fortes pulsos magnéticos.

Essa pesquisa ainda avançou para saber qual era a quantidade de aprendizagem motora, que ficou em torno de 10% acima do normal. A intenção agora é usar a técnica para aprimorar o treinamento e melhorar uma performance, segundo o neurofisiologista Walter Paulus.

Surpresas acontecem nas pesquisas, muitas vezes o não esperado que avança para o novo, e há um momento em que não há mais como negar a descoberta que é realizada várias vezes e dando o mesmo resultado; e ainda: a mesma pesquisa é realizada por outras equipes confirmando cientificamente o novo.

Mas o mais surpreendente vem por aí: uma droga que faz com que a pessoa possa ficar horas sem dormir, vendida nos Estados Unidos e também na Europa, na verdade havia sido lançada para outra doença.

As vendas são surpreendentes e cada vez mais populares, mas não se sabe ainda qual o efeito colateral que essa droga possa ter em longo prazo. Será que precisamos ou não dormir diariamente em média oito horas?

O consumo aumenta cada vez mais, mas como é um remédio que há pouco tempo está sendo vendido, e na verdade para outra causa, ainda não se sabe quais são as causas futuras para essa solução que parece apenas ser imediata, mas em longo prazo pode ser devastadora. O futuro nos dirá no que isso vai dar.

Nos Estados Unidos e na Europa está disponível para venda o modafinil, que permite dormir quatro horas apenas por noite ou ficar dois dias sem dormir. Na verdade, essa medicação foi lançada há sete anos com outra finalidade, e acabou sendo usada por pessoas que não tinham a doença narcolepsia. Foram no patamar de 575 milhões de dólares vendidos há dois anos, e a medicação não tem efeitos colastrais (é o que se diz por aí), ao menos em curto prazo não foi constatado.

São muitas horas sem dormir. A grande questão é se isso é mais uma descoberta científica ou se vai trazer transtornos psíquicos em um futuro próximo. Ou se regiões do cérebro ficam danificadas em longo prazo ou não.

Por incrível que pareça, a pessoa pode ficar 72 horas sem dormir e ainda tem boa capacidade de concentração. Num exemplo simples e prático, o medicamento tem o mesmo efeito sobre o sono que o anticoncepcional faz com o sexo. Quem sabe está ali o método para a sociedade se manter por longas horas acordada, sem precisar dormir e poder trabalhar mais horas por dia.

As respostas podem ser positivas como também podem ser negativas, só o tempo dirá em longo prazo.

Assim também se sabe que o cérebro se adapta conforme seu dono, em diversas funções sensoriais. E ainda, quando uma parte está acionada outra pode silenciar por algum período. Estudos estão sendo promissores para descobrir o conjunto total de todas as interações e como elas ocorrem.

Em Israel, um grupo de pesquisadores identificou que o nosso cérebro concentra esforços em uma determinada área e silencia outra área sensorial. Isso quer dizer que uma forte concentração esquece o mundo e foca em determinado assunto.

Isso deve ser para que haja maior concentração naquilo que exige mais esforço, cabe salientar aqui que a inteligência ocorre em todos os sentidos na maravilhosa massa cinzenta.

Atualmente já existem técnicas e laboratórios com equipamentos que conseguem ler a mente do ser humano. Então, cuidado com isso; em 2005, pesquisadores japoneses conseguiram mostrar resultados com aparelhos de ressonância magnética mostrando linhas diferentes em direções escaneando o cérebro. E estas linhas e direções foram analisadas e confirmaram certos padrões entre si.

Ler a mente e mover objetos a distância já é possível, é o que mostram os estudos mais recentes.

E a questão de espaço-tempo também vem sendo questionada e estudada para saber como realmente funciona, e respostas já aparecem nessa linha de pesquisa.

Será uma percepção a passagem do tempo?

Hoje já se sabe que certos segundos, ou até minutos, tem mais duração do que outros. Já existem no mercado algumas drogas que propiciam esta ação. Alguns monges já utilizam para a sua meditação em sua prática e conseguem prolongar este tempo. Certas pesquisas já correm nesta linha, para saber como se faz, e alguns atletas também já têm esta percepção.

Será outra revolução quando descobrirmos realmente como funciona a passagem do tempo em nossa vida?

Mais uma vez, os Estados Unidos saíram na frente em uma pesquisa na Universidade de Duke, estudando uma determinada região do cérebro. Houve um monitoramento de ondas que os outros neurônios emitem produzindo atividades. Essa região integra todas as ondas que os outros neurônios emitem produzindo atividades. Esta região integra todas as ondas numa estimativa de tempo, assim como o maestro dá o ritmo de uma orquestra.

Imagens desta técnica comprovam que isto é possível e servem para posteriores estudos, a fim de saber mais sobre o assunto de nossa mente e tudo mais que contém nela.

Então, são estudos recentes que vêm sendo desenvolvidos sobre a questão do tempo e sua percepção. Pontos são levantados para verificação da situação.

Provavelmente, num futuro próximo seja possível manipular neurotransmissores nesta região e prolongar o tempo. Mas estudos atuais ainda não chegaram a este patamar; por meio de meditação já é possível prolongar o tempo e como sabemos que não estamos fazendo nada, o tempo passa mais devagar do que se estamos fazendo algo. Podemos fazer exercícios de concentração para ajudar neste prolongamento de minutos e segundos, isto é o que sabemos momentaneamente.

Que curioso isso, pensava-se sobre isso, era só uma questão de interpretação errada das pessoas de que quando não se tinha nada por fazer que o tempo passasse mais devagar, mas parece que está comprovado por meio de experimentos em laboratórios e análises.

Outro ponto intrigante é quanto ao consumo de energia do cérebro: conforme seu tamanho gera o gasto de energia.

Outro assunto já conhecido no meio da ciência é que o cérebro é o órgão que mais consome energia no nosso corpo, então quanto maior ele for, mais energia ele consome. Assim, a questão mais importante é que ele funciona com eficiência e qualidade em todas as regiões e, com isso, um melhor desempenho do ser humano consigo mesmo.

Se existisse uma maneira de monitorar ambientes e pessoas, seria bem interessante para não haver tanto consumo de energia, caso fosse possível em pessoas e animais.

A cada ação é gasta energia em determinada quantidade.

Conclusão

Busca-se, por meio de estudos, descobrir o que há de mais fascinante dentro do cérebro. Estudos variados são direcionados para descobertas que possam contribuir para a qualidade de vida do ser humano.

Referências

GRILLNER, S.; Wallén P. (2002). "Cellular bases of a vertebrate locomotor system-steering, intersegmental and segmental co-ordination and sensory control. Brain Res Brain Res Rev 40: 92–106."

SHEPHERD GM. [S.l.]: Oxford University Press, 1994. ISBN 9780195088434.

VAN HEMMEN, JL.; Sejnowski TJ. (S.l.): Oxford University Press, 2005. ISBN 9780195148220.

4

Poder do Pensamento

Apesar de termos milhões de pensamentos por dia, precisamos nos preocupar em processar ou ao menos tentar pensar com qualidade.

Pois sim, somos o que pensamos, isso é uma realidade; é necessário e direcionar o pensamento para o melhor.

Precisamos cuidado com aquilo que pensamos, porque os pensamentos geram a realidade do amanhã. Mas essa realidade também tem um questionamento na Física, que veremos nas próximas páginas.

Apesar de os pensamentos ocorrerem simultaneamente, podemos controlá-los ao menos quando eles vêm; podemos deixar de lado o que não queremos, apesar de o controle não ser total, mas a direção da continuação é opção nossa.

Esvaziar a mente, controlar ao que vem o encontro e colocar de lado o que não queremos é opção total de nosso querer.

Estudos atualmente apontam para a Física Quântica como ocorre a nossa consciência, fala, emoções e pensamentos, e essa teoria está muito próxima da realidade para decifrar o que acontece ao nosso redor o tempo todo.

Veja uma fala de Osny Ramos:[40]

> Nós não devemos esperar que o público não especializado acredite nos fantásticos e estonteantes fenômenos que ocorrem na realidade quântica, pois esses são fenômenos

---

40. Fonte: https://vibraraapi.wordpress.com/2013/12/31/as-escrituras-ensinam-fisica-quantica-e-o-poder-do-pensamento/

> tão fantásticos que o cotidiano intelectual dessas pessoas, no qual se efetiva a maior parte de seu processo cognitivo, não é capaz de oferecer visões ou referências necessárias à sua compreensão. Nem os místicos e religiosos vão tão longe, em suas criações espirituais, quanto às realidades fantasmáticas afirmadas pelos físicos. Primeiramente, devo dizer que se trata de pessoas que não estão lendo sobre Física Quântica ou estão lendo pouco; portanto, eu não devo ser intelectualmente rigoroso com elas.

Realmente a dificuldade de entender a Física Quântica é grande. O próprio Albert Einstein questionou muito a Física Quântica até entender que o fenômeno se comprovava matemática e fisicamente por meio de experimentos e aplicações.

E compreender que o vácuo quântico é ainda mais difícil para a humanidade que ainda nem direito compreendeu a Física Quântica básica, quem dirá compreender a física no vazio, no vácuo.

Pois bem, a consciência segundo estudo de pesquisadores, é explicada pela Física Quântica. Apesar de estar a passos lentos e muitas dúvidas no ar pairam, estudos fortes já dão resultados promissores.

A grande questão é: o que é a realidade?[41]

> Isto está de acordo com a Física Quântica, que diz que a matéria é composta por partículas que são a manifestação de energia vibratória no espaço vazio. Ela é uma ilusão que existe no vazio, mas é percebida como algo coeso. O mundo material e o espaço não são uma realidade objetiva, mas, sim, uma ilusão criada pelos sentidos que a traduzem em uma percepção. Sendo assim, o real deixa de ser tudo aquilo que pode ser medido ou sentido. A realidade é ilusória. Nós vemos e sentimos os objetos, mas esta solidez é uma miragem, assim como a nossa percepção acerca do mundo. Nós vemos aquilo que nos é dado a conhecer e que fica registrado em nossa base de dados, nós vemos aquilo que nos mostram, e não aquilo que deveríamos ver.

---

41. Fonte: https://vibraraapi.wordpress.com/2013/12/31/as-escrituras-ensinam-fisica-quantica-e-o-poder-do-pensamento/

Agora sim, nos aprofundamos na Física Quântica quanto à percepção desse fenômeno que é estudado por milhares de cientistas que têm avançado na compreensão do todo.

Teorias surgem para explicar a energia que compõe o Universo. Muitas perguntas e respostas estranhas também fazem parte desse mundo microscópico.

A ciência busca respostas para tantas instigações, surpresas em pesquisas, e, muitas vezes, respostas inusitadas acabam formando um novo paradigma.[42]

> A coisa mais sólida que pode existir nessa matéria desprovida de substância é um pensamento, um *bit* de informação concentrada. Quando o físico Frances Louis de Broglie descobriu que as partículas possuíam também uma dimensão ondulatória, além de uma dimensão corpuscular, a realidade cósmica passou a ser compreendida apenas como uma parte bastante pequena de uma grande totalidade invisível. A ideia de que algo pudesse existir concomitantemente como partícula e como onda era extremamente difícil de ser aceita pela comunidade dos físicos, pois ela exigia uma ruptura com paradigmas da física clássica.

A mudança de paradigmas surge e muitas vezes não é aceita por cientistas que se ligam a certezas incompletas. Mas a ciência tem obtido resultados fantásticos com a Física Quântica.[43]

> Pois nessa sua dimensão ondulatória as partículas podem existir fora do tempo e do espaço, não estando sujeitas aos condicionamentos impostos nem pelas leis da Física nem pelo Princípio de Causalidade. Era necessário admitir um fantástico modo de existência para as partículas, inimaginável até mesmo pelos místicos e religiosos. Niels Bohr ganhou um Prêmio Nobel ao explicar como isso é possível, ao formular o seu famoso Princípio de Complementaridade.

---

42. Fonte: https://vibraraapi.wordpress.com/2013/12/31/as-escrituras-ensinam-fisica-quantica-e-o-poder-do-pensamento/
43. Fonte: https://vibraraapi.wordpress.com/2013/12/31/as-escrituras-ensinam-fisica-quantica-e-o-poder-do-pensamento/

Mudanças ocorreram com descobertas e instigações de Niels Bohr, a ciência teve uma modificação após complementos do cientista, mesmo que isso tenha gerado controvérsias entre pesquisadores renomados.

Reuniões eram realizadas entre pesquisadores para formar hipóteses e chegar a algumas conclusões fortes. A ciência mudou fortemente depois que o cientista demonstrou outro rumo para a Física e o átomo.

Já a conclusão de Orison Swett Marden é esta:[44]

> Cada pessoa possui recursos fabulosos que, se não forem despertados, permanecem adormecidos por toda a vida. Conclusão: É você quem determina o resultado de sua vida. No fundo de cada homem residem esses poderes adormecidos; poderes que o assombrariam, que ele jamais sonhou possuir; forças que revolucionariam sua vida se despertadas e postas em ação.

Mudar a vida cada um pode com as suas escolhas; muitas pessoas ficam presas a pensamentos e atitudes do passado e não se desprende um novo pensar e agir.

A ciência tem demonstrado o quanto nossas ações podem modificar a ação e reação do futuro.

Voltamos novamente à nossa pergunta inicial: segundo cientistas, sobre o que é a realidade?[45]

> Experimentos científicos nos mostram que se conectarmos o cérebro de uma pessoa a computadores e *scanners* e pedirmos que olhe para determinados objetos, poderemos ver certas partes do cérebro sendo ativadas. Se pedirmos para fechar os olhos e imaginar o mesmo objeto, as mesmas áreas do cérebro se ativarão, como se estivessem vendo os objetos. O sentimento provocado é o mesmo, estando o objeto ali ou não, a sensação e a reação provocada é a mesma. Então, quem vê os objetos são os olhos ou é o cérebro? O que é realidade? É o que vemos com os nossos olhos ou o

---

44. Fonte: https://vibraraapi.wordpress.com/2013/12/31/as-escrituras-ensinam-fisica-quantica-e-o-poder-do-pensamento/
45. Fonte: https://vibraraapi.wordpress.com/2013/12/31/as-escrituras-ensinam-fisica-quantica-e-o-poder-do-pensamento/

que vemos com o cérebro? A verdade é que o cérebro não sabe a diferença entre o que você vê no ambiente e o que se lembra, pois as mesmas redes neurais são ativadas.

Onde está o nosso potencial para criar emoções e sentimentos em meio a essas visões? Como funciona nosso cérebro perante objetos?[46]

Todo pensamento tem potencial criativo, mas os pensamentos que não são acompanhados de grande emoção não trazem para a sua experiência, em velocidade alguma, o assunto do seu pensamento. Em outras palavras, o pensamento que lhe traz emoção, seja positiva ou negativa, é manifestado rapidamente em sua experiência.

Quando você assiste a um filme de terror, vendo todos os detalhes oferecidos, como as cores e o som, você está em um *workshop* negativo porque está visualizando tudo aquilo que não quer ver, não quer viver.

Essa emoção que fica registrada para manifestação de futuras ações, a experiência. O pensamento mais a emoção são registrados, de forma conjunta para fixar experiência realizada.[47]

A emoção que você sente é todo o seu interior dizendo: você está vendo algo que é tão vívido que o Universo está oferecendo poder a isso. Quando o filme termina, você diz: "Foi só um filme". Então, você não acredita, não espera que aquilo vá acontecer com você e não completa a segunda parte da equação. Você ofereceu pensamento com emoção, portanto, criou, mas não permite isso na sua experiência porque não espera isso de verdade.

Instigante essa questão da emoção, sentimento e pensamento.[48]

Se o que você quer é atrair coisas maravilhosas para sua vida rapidamente, você deve sentir o máximo possível de emoções

---

46. Fonte: https://vibraraapi.wordpress.com/2013/12/31/as-escrituras-ensinam-fisica-quantica-e-o-poder-do-pensamento/
47. Fonte: https://vibraraapi.wordpress.com/2013/12/31/as-escrituras-ensinam-fisica-quantica-e-o-poder-do-pensamento/
48. Fonte: https://vibraraapi.wordpress.com/2013/12/31/as-escrituras-ensinam-fisica-quantica-e-o-poder-do-pensamento/

positivas e evitar ao máximo as emoções negativas. Sintonize sua mente e suas emoções (coração) no melhor. Você cria sua realidade, de acordo com a frequência que mais sintoniza. A frequência errada atrai a energia errada. Por isso surgem os problemas e as doenças, muitas vezes psicossomáticas.

Aqui vale ressaltar o caso de uma mulher à qual o médico havia dito que em alguns meses ela iria morrer. Era casada e tinha filhos. Como estava condenada à morte por causa de sua doença, o câncer, ela resolveu pegar a parte do dinheiro que pertencia a ela e fez viagens com sua família. Continuou o tratamento médico prescrito, porque ela queria estar bem para as viagens em família. Com o passar do tempo, ela foi melhorando e quando chegou o mês em que ela iria morrer, os exames lhe deram uma surpresa. A mulher que gastou toda a sua parte do dinheiro da família que pertencia a ela estava curada completamente.

O que aconteceu com essa mulher foi um fato verdadeiro, pois durante as viagens com sua família, ela foi sentindo emoções positivas e poucas emoções negativas, fazendo com que houvesse a cura da doença por meio de pensamentos e emoções.[49]

Você e somente você pode mudar sua vida. A vida não tem controle remoto. Você tem que levantar e mudar. Como dizia o jornalista irlandês George Bernard Shaw, é impossível progredir sem mudança, e aqueles que não mudam suas mentes não podem mudar nada. Você não deve ser vítima de seus pensamentos e muito menos dos pensamentos alheios. Você pode mudar de direção, mudando pensamento, emoções, a sua vibração, frequência. E, por conseguinte, mudar sua realidade.

---

49. Fonte: https://vibraraapi.wordpress.com/2013/12/31/as-escrituras-ensinam-fisica-quantica-e-o-poder-do-pensamento/

Imagem:[50] Átomos e moléculas.

A frase anterior disse tudo em respeito a nós: se as pessoas soubessem o quanto prejudicam a si e aos outros com pensamentos negativos, elas não fariam tudo isso dessa forma.

Mudar os pensamentos e sentimentos não é fácil, mas necessário em meio ao turbilhão de acontecimentos ao redor.

Sabe-se que outras pessoas dão sugestões para nossa vida nem sempre por maldade, até por pensar em nos ajudar, mas não é bem assim. O processo sempre é árduo, pois mudar os conceitos e ainda driblar a opinião dos outros é difícil, mas possível.

Mudar o padrão de pensamentos requer disciplina e cuidados, mas para que haja mudança em nossa vida a vigília é necessária, tanto quanto a mudança de hábitos.

Mudar pode requerer passar por dificuldades, pois toda mudança é algo novo, e tudo que é novo não faz parte do cotidiano.

Persistir é o primeiro passo após o planejamento de estratégia; avançar lentamente é como caminhar em um caminho novo, assim sempre cuidando de tudo que aparece continuamente. Caminho se faz caminhando.

"Quando acreditamos apaixonadamente em algo que ainda não existe, nós o criamos. O inexistente é o que não desejamos o suficiente. Segundo Franz Kafka."[51]

Conseguimos criar o novo quando acreditamos profundamente que isso é possível e aos poucos trabalhamos para isso sem perceber. A Física explica essa mudança pelo fato de que nosso corpo é composto por átomos e estes se renovam a cada instante em nosso organismo.[52]

"Todo o nosso corpo é formado por zilhões de átomos. Dentro de cada um deles há outras partículas menores ainda, e um grande espaço vazio. Imagine a dificuldade, há milhares de anos, para tentar explicar às pessoas sobre algo que existe, mas não enxergamos."

---

50. Fonte: http://terapeutaquantico.blogspot.com.br/2010/06/ciencia-oque-e-fisica-quantica.html
51. Fonte: https://vibraraapi.wordpress.com/2013/12/31/as-escrituras-ensinam-fisica-quantica-e-o-poder-do-pensamento/
52. Fonte: https://vibraraapi.wordpress.com/2013/12/31/as-escrituras-ensinam-fisica-quantica-e-o-poder-do-pensamento/

Isso é o famoso vácuo quântico que é alvo de estudo de muitos cientistas atualmente. Mas o passo está começando a ficar largo entre as pesquisas, cujo avanço tem dado resultados fantásticos.

A ciência é muito interessante em seus mínimos detalhes, quanto aos tecidos, células, moléculas, átomos e tudo que contém os átomos.[53]

> Entre os biofísicos, é sabido que as células vivas se comportam como um dipolo elétrico, isto é, elas vibram emitindo radiação eletromagnética ou fótons. Verifica-se, também, que essas células vivas apresentam *spin*, uma espécie de movimento de rotação apresentado pelas partículas. Estando relacionada com fótons e spins, isso já é suficiente para vincular a célula ou a vida aos processos quânticos. Porém, o mais admirável é o fato de os spins estarem relacionados com a saúde e a doença. Quando a célula se encontra doente, o seu spin gira para a esquerda, e quando se trata de uma célula sadia, o giro do seu spin é para a direita! É impossível, destarte, negar que os estados de saúde e doença não sejam influenciados pelas leis quânticas da física das partículas.

Que fantástico saber que estamos a caminho de descobrir tudo sobre o nosso organismo e sua composição e funcionamento! Apesar de a ciência ter levado muitos anos para decifrar as leis da Física Quântica, chegamos a um patamar razoável de entender que é possível compreender e estudar a consciência de forma geral.[54]

> Seu cérebro não sabe distinguir o que está acontecendo aqui dentro. Não existe o lá fora independente do que está acontecendo aqui. Na verdade, existem escolhas, no sentido que a vida pode tomar, que depende de esses pequenos efeitos quânticos não serem perdidos. O que faz as coisas são ideias, conceitos e informação. Os elétrons criam uma

---

53. Fonte: https://vibraraapi.wordpress.com/2013/12/31/as-escrituras-ensinam-fisica-quantica-e-o-poder-do-pensamento/
54. Fonte: https://vibraraapi.wordpress.com/2013/12/31/as-escrituras-ensinam-fisica-quantica-e-o-poder-do-pensamento/

carga que afasta os outros elétrons antes do toque, então, na verdade, você não toca em nada.

Em nossa vida temos escolhas a fazer, somos nós que direcionamos o futuro, portanto, a ciência explica isso.

O controle de pensamentos, sentimentos e emoções é necessário, assim como também no meio em que vivemos, pois é a partir do contato com pessoas que mudamos estes padrões.

Vamos ver as seguintes colocações para entender melhor.[55]

> Em vez de pensarmos nas coisas como possibilidades, temos o hábito de pensar que as coisas que nos cercam já são objetos que existem sem a nossa contribuição, sem a nossa escolha. Você precisa banir essa forma de pensar, tem que reconhecer que até o mundo material que nos cerca, as cadeiras, as mesas, as salas, os tapetes não são nada além de possíveis movimentos da consciência.

Um modo novo de rever conceitos pelas nossas culturas enraizadas talvez seja pela física clássica, em que até então se acreditava que tudo já estava pronto e definido.[56]

> E você está escolhendo momentos nesses movimentos para manifestar sua experiência real. Este é o único pensamento radical que você precisa compreender, mas é muito difícil porque você acha que o mundo já existe independentemente da sua experiência. Mas não é assim, e a Física Quântica é bem clara. O próprio Heisenberg, depois da descoberta da Física Quântica, disse que os átomos não são tendências. Em vez de pensar em objetos, você deve pensar em possibilidades.

Escolhas e possibilidades é o que temos para moldar o meio em que vivemos. Nada está pronto e nossa consciência se movimenta

---

55. Fonte: https://vibraraapi.wordpress.com/2013/12/31/as-escrituras-ensinam-fisica-quantica-e-o-poder-do-pensamento/
56. Fonte: https://vibraraapi.wordpress.com/2013/12/31/as-escrituras-ensinam-fisica-quantica-e-o-poder-do-pensamento/

assim como os átomos do nosso corpo, que estão se modificando o tempo todo dentro de nosso organismo.[57]

> Se você medir uma das partículas, instantaneamente determinará o comportamento da outra partícula. E quando você faz o experimento, você descobre que, de fato, o estado quântico da outra partícula é exatamente determinado depois que você mediu o estado quântico da partícula parceira. Isso significa que se um cientista observa uma partícula entrelaçada e a gira no sentido horário, a outra partícula entrelaçada começará, imediatamente, a girar na direção oposta. Isso parece intrigante, mas não é tão espantoso quando consideramos que as duas partículas entrelaçadas podem estar separadas por bilhões de anos-luz. Ainda assim, no momento em que observamos uma partícula a girar, ditamos o giro da outra partícula. É estranho porque pode sugerir que a informação viajou, instantaneamente, mais rápido que a velocidade da luz, de uma partícula para a outra.

São experimentos que atualmente já estão comprovados cientificamente e estes novos conceitos são intrigantes, mas verdadeiros, não mais tendo como derrubar essa tese. Leis novas, mas reais, fantasmagóricas, têm revolucionado o mundo em que vivemos. Conceitos de difícil compreensão para leigos no assunto.[58]

"A Física Quântica demonstrou, em suas tentativas de compreender as leis que regem o mundo das partículas subatômicas, que o observador da matéria, ou seja, a consciência humana, altera o mundo subatômico quando este é observado pelo homem."

Então precisamos rever conceitos preestabelecidos até então.[59]

"Na antiga Grécia, o filósofo Demócrito foi o primeiro a propor que o mundo material se compõe de diminutas partículas invisíveis a que ele batizou de átomos, que quer dizer 'não divisíveis'."

---

57. Fonte: https://vibraraapi.wordpress.com/2013/12/31/as-escrituras-ensinam-fisica-quantica-e-o-poder-do-pensamento/
58. Fonte: http://terapeutaquantico.blogspot.com.br/2010/06/ciencia-oque-e-fisica-quantica.html
59. Fonte: http://terapeutaquantico.blogspot.com.br/2010/06/ciencia-oque-e-fisica-quantica.html

Na época era o que se sabia. A reconstrução de conceitos está sendo realizada até hoje, porém certamente daqui a cem anos já teremos uma visão muito mais clara sobre a consciência do que temos atualmente.[60]

"Quando Platão escutou tal teoria, fez uma objeção que prognostica com assustadora clareza a Física Quântica. Segundo o argumento de Platão, se acreditarmos que um átomo é uma coisa, então ele deve ocupar certa quantidade de espaço e, portanto, pode ser cortado em dois para ocupar um espaço ainda menor. Nada que possa ser partido em dois poderá ser o menor elemento do mundo material."

Então talvez estejamos no caminho correto para algumas definições que podem ser bem-vindas no mundo físico.[61]

> Segundo Platão, o mundo surge a partir de formas perfeitas invisíveis, similares aos corpos geométricos. Ninguém pode dizer com certeza do que um *quark* é feito, mas, decididamente, não é um pedaço de matéria sólida. Seus elementos constitutivos podem bem ser simples vibrações com possibilidade de converter-se em matéria. Como consequência, serão menores que o próprio *quark*.

Estamos perto de descobrir o que há no átomo e como acontecem essas interações, minúsculos *quarks*, e o que de mais especial pode ter esse átomo. Este átomo instiga muitos cientistas que buscam resultados para a consciência humana com experimentos para avançar e saber o que existe dentro do cérebro e quanto ele pode ser responsável pela realidade. Ou melhor, por ações e reações humanas.

Seguindo o pensamento em relação à consciência e às interações, neurocientistas buscam resultados em laboratórios que comprovem o desenvolvimento de memórias.

Hoje, já com modernos equipamentos de ressonância magnética e eletroencefalograma se sabe algumas funções e funcionamentos da memória, pois os laboratórios e os neurocientistas estão contribuindo

---

60. Fonte: http://terapeutaquantico.blogspot.com.br/2010/06/ciencia-oque-e-fisica-quantica.html
61. Fonte: http://terapeutaquantico.blogspot.com.br/2010/06/ciencia-oque-e-fisica-quantica.html

para este estudo e aperfeiçoamento a fim de que o ser humano tenha cada vez mais qualidade.

Assim sendo, sabemos que quando entramos em contato com qualquer objeto, nossos padrões mentais já o reconhecem pela habilidade existente, identificando o mesmo.

A memória grava a experiência vivida pelo meio, construímos ao longo do tempo memórias vividas no passado constantemente.

A ciência materialista tem uma visão conforme a física clássica de Newton, da simples causalidade. Mas a observação da Física Quântica é outra. Com o avanço da ciência moderna sabemos que tudo é energia e que a consciência que cria a realidade, que todos nós somos cocriadores, e que todos somos deuses. Pensando um pouco sobre os efeitos que ocorrem ao nosso redor, podemos refletir um pouco sobre a consciência como um todo.

Mas o paradoxo pode se desfazer quanto à física clássica, se pensarmos na nova ciência em termos de Física Quântica, em que a consciência é a base de tudo, sendo o sutil por intermédio da consciência, sendo o sutil a causa do grosseiro, e este coordena a forma. E a nova ciência está caminhando nesta direção, quanto mais se estuda e pesquisa mais se tem certeza de que este é o caminho certo.

Imagem:[62] O cérebro possui áreas responsáveis pela memória. Houve uma época em que a ciência procurava a localização da memória

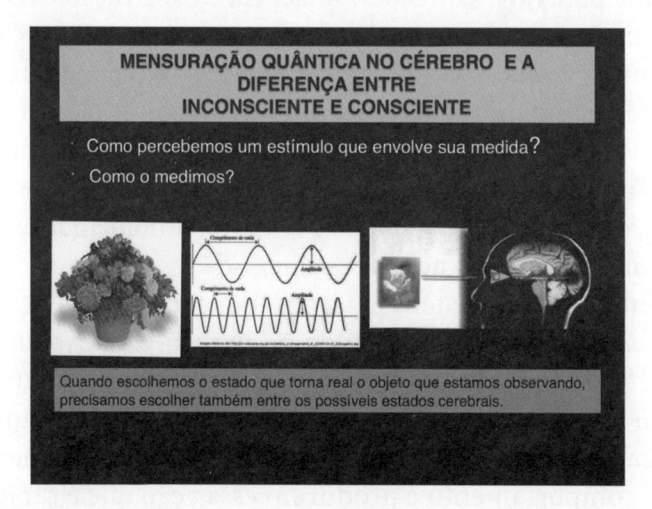

MENSURAÇÃO QUÂNTICA NO CÉREBRO E A DIFERENÇA ENTRE INCONSCIENTE E CONSCIENTE

· Como percebemos um estímulo que envolve sua medida?
· Como o medimos?

Quando escolhemos o estado que torna real o objeto que estamos observando, precisamos escolher também entre os possíveis estados cerebrais.

---

62. Fonte: http://ativismoquantico.com/2013/01/fisica-quantica-memorias-percepcoes-e-o-processamento-inconsciente/

no cérebro. Houve época em que a ciência ignorava os aspectos mentais e dedicava-se exclusivamente ao estudo do comportamento (Behaviorismo). A metodologia científica apresenta falhas por ser realizada por seres humanos também falhos, mas ainda é um instrumento poderoso de investigação. Hoje se observa que a ciência é a distribuidora oficial de verdades. Verdades estas que são derrubadas a cada instante com novas experiências e descobertas, um novo rumo, um novo olhar, que até então ninguém havia percebido e comprovado. É assim a ciência, incrivelmente nova a cada passo, novas observações, novos olhares que atentos descobrem algo mais.

Estamos invertendo os papéis com a nova ciência, assim o cérebro tem áreas que contêm a memória, e pior que já houve uma época em que a ciência acreditava que a memória estava guardada em uma determinada região. Atualmente, já se sabe que isso não é verdadeiro, assim também houve épocas em que o estudo era direcionado ao comportamento behaviorista, mas a ciência é um avanço, cada passo dado é para a frente, formando *links* para o crescimento e inovação da ciência.

Mas como essas investigações apresentam graves falhas, e quando as visões de cientistas são abandonadas, os estudos crescem novamente para novas direções. A ciência é construção e reconstrução encima de falhas anteriores; entre acertos e erros, faz-se o novo.

Algumas verdades são declaradas e logo aparecem novas verdades, derrubando as anteriores e a construção acontece. A ciência acontece com novas observações, novos olhares que substituem as anteriores e cada vez mais se descobre algo neste mundo fantástico de observações; acontece a mudança de paradigmas e, assim, a humanidade conhece mais e mais sobre o meio no qual está inserida.

Mente e cérebro têm ligações de correspondência codependentes. Assim a mente molda o cérebro. Todo pensamento gerado é representado dentro do cérebro por redes neurais, um conjunto de neurotransmissores, que ocorrem em segundos na fantástica fenda sináptica. São as moléculas em movimento que têm esse comportamento e produzem essa ação que é rapidamente absorvida.

As linhas de pesquisa são ampliadas porque as imagens e técnicas que atualmente são utilizadas já permitem essas visualizações que ocorrem na fenda sináptica e o comportamento dos demais neurônios e tecidos contidos no cérebro e suas interações umas com as outras. E assim sendo, cada região e parte constitui o todo para o processo do pensamento, fala, ação e interação com o meio em se vive. O cérebro e a mente são um conjunto que interage um com o outro; o que passa por um passa pelo outro.

A cada pesquisa, uma nova descoberta, formando um conjunto de colaborações.

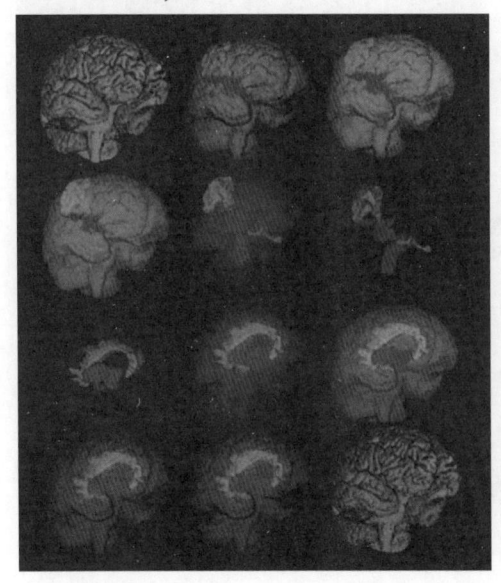

Imagem:[63] Hoje há várias pesquisas sérias levantando a hipótese de poder existir outro tipo de comunicação energética pelo corpo, por meio do sistema conectivo ou tecido conjuntivo. Esse tecido é responsável pela conexão entre células e órgãos de diversos sistemas do corpo humano. Essa característica é observada no tecido conjuntivo pelo fato de ele preencher espaços entre as células e tecidos, bem como órgãos. O novo inconsciente passa pela compreensão desses padrões neurais que representam as informações que caracterizam as experiências do ser humano. A teoria cognitiva e o novo inconsciente resgatam o estudo da mente e seus circuitos cerebrais, que a representam. O que se passa na mente molda o cérebro, e o que se passa no cérebro molda a mente.

Muitos estudos são realizados para a compreensão de como acontecem os circuitos cerebrais. Muitas questões permanecem em

---

63. Fonte: http://ativismoquantico.com/2013/01/fisica-quantica-memorias-percepcoes-e-o-processamento-inconsciente/

aberto quanto ao cérebro, conexões e as informações que passam pelos neurônios.

Uma questão bastante intrigante é o processo das interações de corpo e mente e a relação que existe entre órgãos do cérebro e do corpo. A formação completa da consciência, do corpo, dos órgãos, qual a relação entre células corporais e o cérebro.

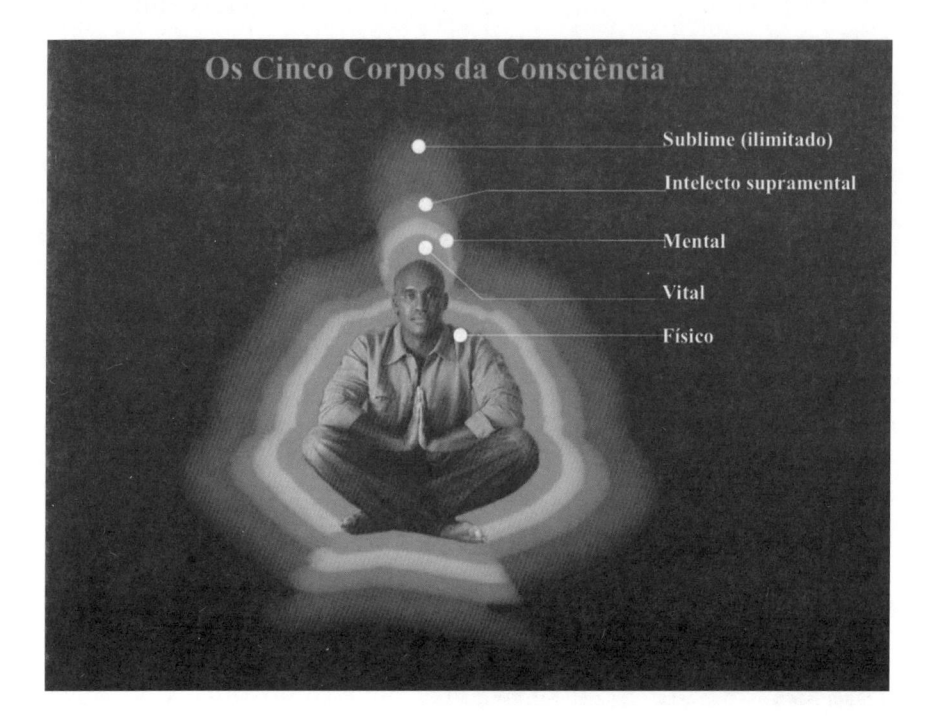

![Os Cinco Corpos da Consciência: Sublime (ilimitado), Intelecto supramental, Mental, Vital, Físico]

Imagem[64]: Intuição, pensamento e sentimento são considerados objetos quânticos pelos princípios bem documentados da Física Quântica. Por serem objetos quânticos, não há como determinar posição e velocidade simultaneamente. Se você se concentrar no conteúdo do pensamento, perde informação sobre o direcionamento do pensamento e vice-versa. Não há como determinar simultaneamente ambos.

---

64. Fonte: http://ativismoquantico.com/2013/01/fisica-quantica-memorias-percepcoes-e-o-processamento-inconsciente/

A Física Quântica tem dado conta dos fenômenos da consciência. Apesar de muitos anos de estudos sobre o assunto, só depois que os processos quânticos foram compreendidos pelos físicos que se conseguiu chegar a resultados satisfatórios.

Na verdade, é uma lógica que deve haver alguma conexão com mente e cérebro, entre a matéria e o que há de mais sutil nos pensamentos, sentimentos, entre outros. Deveria haver uma correlação óbvia para esse processo, e por meio da ciência houve essa explicação.

Com as novas descobertas realizadas pelos cientistas, os pensamentos, sentimentos e a intuição são objetos quânticos, regidos pela Física Quântica. Hoje já se sabe e se tem conhecimento científico bem fundamentado sobre esta teoria, e seus princípios são comprovados desde a época do experimento da dupla fenda.

Nesse processo, corpo e mente estão correlacionados e a consciência contém os dois. Os estudos e pesquisas de Damásio trazem luz às teorias formuladas sobre a Física Quântica. As informações inconscientes são computadas nos corpos sutis.

A consciência vem sendo estudada e aperfeiçoada em grande escala para que o homem conheça a si e possa avançar no processo de harmonia consigo mesmo e os demais seres a sua volta; o quanto ele consegue melhorar a si de fora para dentro e de dentro para fora, interagindo com objetos e animais e, acima de tudo, transformando o Universo em um lugar melhor para que todos tenham mais qualidade de vida. Assim trazendo luz para que ele mesmo avalie as situações de catástrofes e guerras que ele mesmo gera para si.

Figura

Diagrama em "V" com dois eixos ascendentes.

Eixo esquerdo (de baixo para cima):
- A totalidade de uma onda se torna uma parte da totalidade da próxima
- 1 apreensão
- 2 irritabilidade
- 3
- 4
- 5 sensação
- 6 percepção
- 7 impulso
- 8 afeto
- 9 símbolos
- 10 conceitos

Eixo direito (de baixo para cima):
- Holarquias / Hólon / Individualidade composta / Hierarquia
- 1 átomos
- 2 moléculas
- 3 procariota
- 4 eucariota
- 5 organismos neuronais
- 6 cordão neuronal
- 7 cérebro reptiliano
- 8 cérebro límbico
- 9 complexo neocórtex
- 10 neocórtex

Base: energia densa — energia vital — energia psíquica

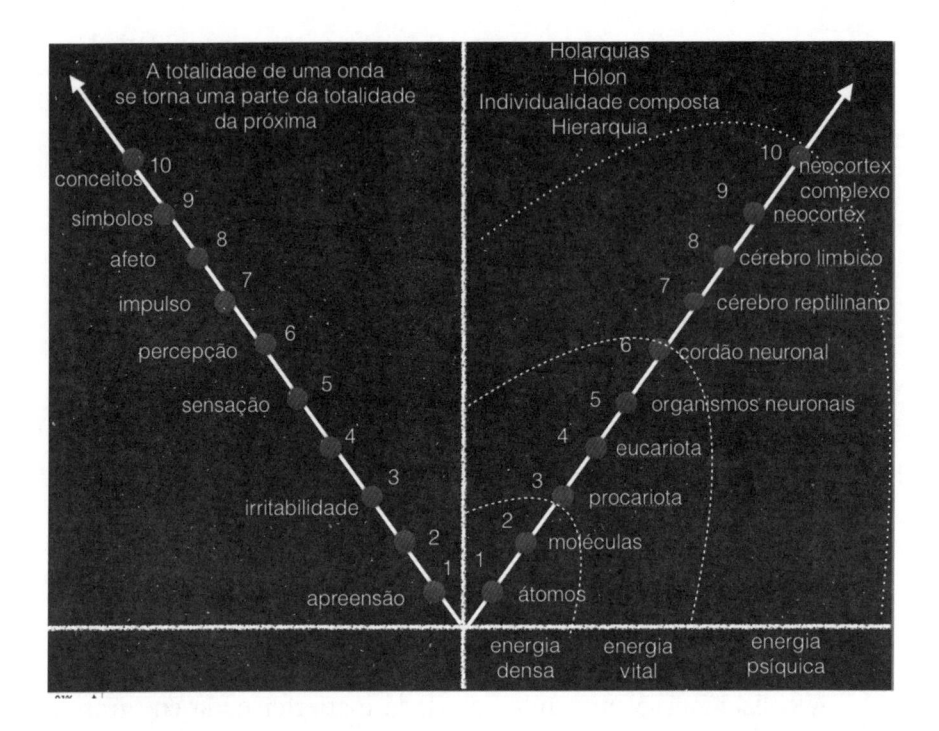

Imagem:[65] Campos dentro de campos. Assim é o comportamento da evolução. O aumento da complexidade da forma observada na evolução obedece este princípio: campo dentro de campo. Átomos dentro de moléculas. Moléculas dentro de células. Células dentro de órgãos. Órgãos dentro de organismos. Campos dentro de campos. A energia envolvida no processo obedece um envelopamento diferente, porém ao mesmo princípio de campo dentro de campo. A energia densa dos átomos é envelopada dentro das moléculas e emerge uma nova energia que sustenta a forma da molécula, agora mais sutil quando comparada à energia densa dos átomos. À medida que a forma se torna cada vez mais complexa, a energia se torna cada vez mais sutil.

Essa é a natureza do átomo, em suas complexidades, e ele se torna denso dependendo da situação. Esta emergência está envolvida uma dentro da outra, o átomo dentro da molécula, a molécula dentro da célula e a célula dentro do tecido.

---

65. Fonte: http://ativismoquantico.com/2013/01/fisica-quantica-memorias-percepcoes-e-o-processamento-inconsciente/

Uma situação complexa, o efeito do átomo, sua constituição e o que o torna denso, como gira o spin na sua rotação horário e anti-horário.

A complexidade torna-se grande quando se fala em consciência quântica. Muitas perguntas ainda estão em aberto à espera de respostas. A neurociência tomando forma e o estudo sobre o átomo, moléculas, células, órgãos, cérebro tornam-se cada vez mais instigadores e o campo sutil aparece cada vez mais nas pesquisas, confirmando que a Mecânica Quântica explica a consciência.

Sobressaem-se assuntos relacionados a microtúbulos, sinapses, fenda sináptica, Eletromagnetismo, Teoria Orch Or, Condensado de Bose-Einstein, Colapso da Função Onda, entre outras teorias não citadas aqui que reúnem o conjunto interligadas umas nas outras. Somando-se frequências em Hz e vibrações.

Vamos construindo perspectivas e possibilidades de escolhas para qual o melhor caminho a tomar. A ideia que tenha algo haver com religião e misticismo está começando a ser abandonada por quem entende de Mecânica Quântica. Estes são os primeiros cientistas a abraçar a causa, porque é a melhor explicação encontrada até hoje.

O cérebro começa a ser desvendado, já se sabe que é o pensamento somado ao sentimento que cria a emoção, que resulta na frequência, e quanto mais alta a frequência mais chance de bem-estar. Então, a causa cérebro continua com estudos para aprofundar este processo todo de interações um com o outro, formando um conjunto.

Já começam a aparecer as dificuldades para encontrar soluções por causa dos dois lados do cérebro, os hemisférios esquerdo e direito.

A complexidade se faz presente, porque temos diferentes regiões no cérebro que atuam de diversas formas, como se fossem partes, e cada parte tem uma função diferente. Novos paradigmas surgem em meio ao caos das novas teorias que podem levar à solução para a busca do homem em seu autoconhecimento de si mesmo.

Os caminhos se tornam largos para a nova ciência quando se fala em consciência quântica. O campo sutil. As frequências e vibrações do corpo já conseguem ser confirmados por técnicas e cálculos matemáticos que confirmam, por meio da observação, imagens, coleta de dados e ressonância magnética, um modelo padrão e linhas que podem determinar os efeitos de cada pensamento e ação.

Campos Morfogenéticos

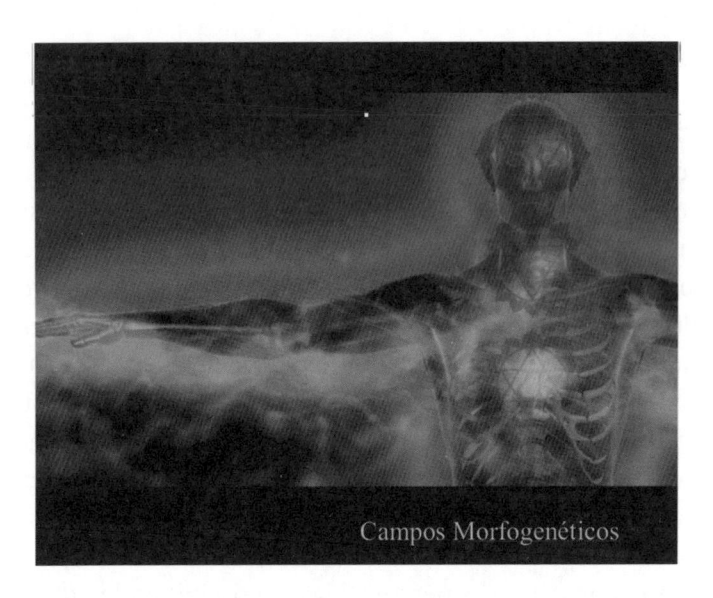

Imagem:⁶⁶ É praticamente entregue ao processamento inconsciente, que reflete uma inteligência por detrás desses fenômenos do inconsciente. Não podemos insistir no equívoco de reduzir tudo às moléculas como se elas soubessem tudo sobre as circunstâncias da vida. Do ciúme, das alegrias, da felicidade, da raiva, do ódio, do rancor, etc. Elas representam os aspectos internos da consciência, considerados sutis. Esses aspectos estão em um campo de organização e influência também sutis, campos morfogenéticos, que sobrevivem após a cessação do corpo físico. Essa ciência alternativa, por assim dizer, está longe de ser aceita pelo *establishment* da ciência convencional materialista, mas caminha a passos largos para se estabelecer como um novo paradigma capaz de explicar e possibilitar a modificação e transformação da alma humana (consciência).

A consciência humana tem dado trabalho aos cientistas. Outro ponto crucial é que neurocientistas e pesquisadores são em menor quantia que pesquisadores físicos e matemáticos que pesquisam sobre tecnologias. Então, o desenvolvimento da ciência em termos da teoria quântica sobre as tecnologias tem avançado mais rapidamente.

---

66. Fonte: http://ativismoquantico.com/2013/01/fisica-quantica-memorias-percepcoes-e-o-processamento-inconsciente/

Muitas dúvidas pairam no ar em relação à consciência e à inconsciência; o cérebro tem dado trabalho e muitas perguntas ficam no ar sem respostas, ou melhor, alguns têm respostas, mas outros não confiam plenamente. Assim, desde sempre, têm sido as pesquisas. Mas, em termos gerais, sempre se avança porque vários experimentos comprovam o mesmo. O pensamento e a ação do ser humano ainda estão longe de ser decifrados completamente.[67]

> No preciso instante em que pensamos "estou contente", um mensageiro químico traduz nossas emoções e todas as células de nosso corpo entendem nosso desejo de felicidade e se somam a ele. O fato de podermos falar instantaneamente com 50 trilhões de células em sua própria linguagem é tão inexplicável como o fato de que a natureza criou o primeiro fóton a partir do espaço vazio. As moléculas mensageiras são a expressão material mais fina da inteligência que o cérebro pode produzir.

O nosso organismo está cheio de células que transmitem informações sobre o corpo, assim como também o cérebro tem os neurônios que transmitem informação por meio de sinapses, sejam informações boas ou ruins. A emoção é transmitida instantaneamente.[68]

> Características do Universo quântico: Manifesta-se a criação. Existe a energia. Começa o tempo. O espaço se encontra em constante expansão desde sua origem. Os fatos são incertos e imprevisíveis. Ondas e partículas se alternam. Só se pode medir probabilidades. Causa e efeito são fluidas e não se distinguem. Nascimento e morte se sucedem à velocidade da luz. A informação está imersa na energia. Somos informações e frequências comandadas pela mente. Somos deuses, partículas vibracionais de um Todo Unificado. Somos Eternos!

Isso tudo se chama "grande fenômeno da Física Quântica". Estamos perto de decifrar as leis da consciência, inconsciência, sub-

---

67. Fonte: http://terapeutaquantico.blogspot.com.br/2010/06/ciencia-oque-e-fisica-quantica.html
68. Fonte: http://terapeutaquantico.blogspot.com.br/2010/06/ciencia-oque-e-fisica-quantica.html

consciência e tudo o mais que faça parte desse maravilhoso mundo que nos cerca.

Basta descobrirmos como o ser humano pensa, age, transmite, como estamos interligados uns com os outros. Tudo isso é fantástico quando começamos a pensar sobre o assunto.

Quem somos? De onde viemos? Para onde vamos?

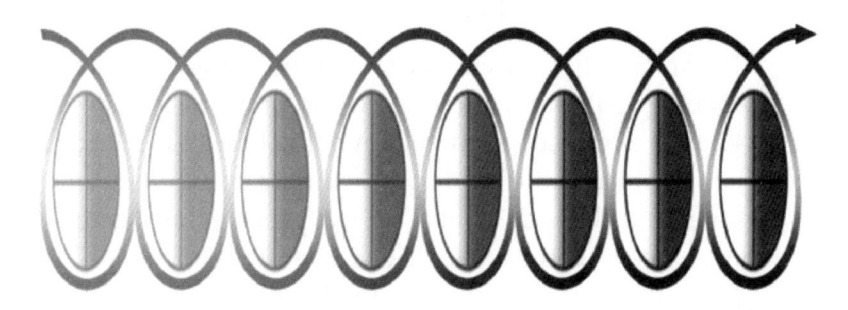

Imagem:[69] A Lei da Atração tem fundamento em um dos pressupostos da Física Quântica, que diz: "a consciência modifica a experiência, alterando o mundo físico", isso quer dizer que o conhecimento é uma questão de ponto de vista, de perspectiva e de percepção. Quanto mais agudo for o foco, conhecimento, percepção do observador sobre determinado evento, maior será a probabilidade de esse evento ocorrer.

Quanto mais houver concentração e dedicação sobre determinado assunto, mais há chance de o evento ocorrer, a lei da atração é constante.

Somos como uma onda de rádio, sintonizamos uma determinada estação, na verdade uma determinada frequência, em alguns Hz como: 20 Hz, 30 Hz, 75 Hz, 100 Hz, 500 Hz, 600 Hz, 700 Hz. Isso é escolha nossa, depende daquilo que queremos claro; talvez a humanidade ainda não saiba disso. A escolha da frequência é opção de cada um, uma frequência baixa é ódio, raiva, inveja, e uma frequência mais alta, amor, harmonia, paz. O corpo vibra, afinal somos compostos por átomos. Então não há como ser diferente, vibram os tecidos, as células, moléculas e átomos.

---

69. Fonte: http://naifinazzi.blogspot.com.br/2013/05/fisica-quantica-o-poder-do-pensamento.html

Um exemplo simples para compreender é um canal de televisão que queremos assistir, então escolhemos o canal e sintonizamos o canal apertando o botão, a nossa sintonia também vai variando conforme vamos pensando e sentindo e a frequência vai mudando. Este é o conceito que a humanidade precisa entender para criar o mundo dos seus sonhos, criar a realidade que realmente deseja e parar de andar no piloto automático e, ainda, para coisas que nem deseja e acaba atraindo cada vez mais e mais para si.

Assim funcionam as coisas ao nosso redor: quando damos muito foco ao que não é necessário, como tudo é energia, a energia ruim fica maior no espaço onde convivemos.

Imagem:[70] A Física Quântica pode sugerir respostas matemáticas para coisas nas quais não conseguimos acreditar, como a telepatia, Lei da Atração, intuição, telesinectesia, entre outros. Fenômenos ditos de gente maluca que vê coisas onde não existem.

Novamente vamos bater na mesma tecla: o futuro depende das ações e decisões do presente. Agora, o que distingue uma boa ação de outra má será o nível de consciência (conhecimento) alcançada por suas experiências acumuladas.

Muitas pessoas não sabem, não têm noção ou conhecimento de que cada ação tem uma reação. Isso prejudica os seres humanos como um todo.

O nível de consciência em que o indivíduo está manifesto na ação; o organismo tem uma determinada frequência que até pode ser medida em Hertz. A frequência em que o indivíduo estiver tem alterações nos acontecimentos.

Alguém com a frequência baixa tem grande chance de adquirir uma doença, quando permanecer um longo período em baixa frequência.

---

70. Fonte: http://naifinazzi.blogspot.com.br/2013/05/fisica-quantica-o-poder-do-pensamento.html

Como o nosso organismo é composto por uma grande quantia de água, os átomos registram facilmente as emoções em que o indivíduo se encontra. Emoções que se modificam a cada instante.

O sentimento, a fala, a emoção são facilmente registradas pelas moléculas; é o experimento mais simples que existe e pode ser feito em qualquer lugar, não sendo necessário ser um cientista famoso para obter ótimos resultados. A mensagem da água é perfeita e simples de entender.[71]

> A mensagem da água é o nome de outro conjunto de pesquisas feitas pelo cientista, nas quais ele submeteu moléculas de água a diferentes sentimentos humanos, pensamentos e até músicas. Por meio de equipamentos especiais para o efeito, ele fotografou depois os cristais de água, e a verdade é que cada um apresentava formas diferentes (desde as mais cristalinas às mais turvas), conforme os pensamentos associados. Se pensarmos que o nosso corpo é constituído por, pelo menos, 60% de água, dá que pensar, certo?

---

71. Fonte: http://www.hypeness.com.br/2014/01/cientista-faz-experimentos-com-agua-pra-provar-que-o-pensamento-influencia-a-nossa-vida/

Imagem:⁷² Água exposta à palavra "sabedoria".

As diferenças em cada exposição são gritantes, depois da exposição por certo período, as moléculas mostram claramente a diferença de um experimento e outro. Então, podemos pensar como fica o nosso organismo depois de exposição por muito tempo a sentimentos negativos.

A variação do sentimento e do pensamento refletem diretamente no nosso corpo por inteiro.

Imagem:⁷³ Água exposta à expressão "Você me enoja": ainda que membros da comunidade científica questionem alguns métodos e a credibilidade do japonês, parece haver uma relação clara entre as duas coisas, a sua energia, o seu pensamento, positivo ou negativo, e o ambiente ao seu redor. No Brasil já se faz esse experimento em diversos lugares, principalmente em escolas, para que os alunos entendam essa ligação do sentimento e da emoção.

Prosseguindo com experimentos, há outro que é bastante simples e pode ser feito em casa mesmo, basta boa vontade.

---

72. Fonte: http://www.hypeness.com.br/2014/01/cientista-faz-experimentos-com-agua-pra-provar-que-o-pensamento-influencia-a-nossa-vida/
73. Fonte: http://www.hypeness.com.br/2014/01/cientista-faz-experimentos-com-agua-pra-provar-que-o-pensamento-influencia-a-nossa-vida/

Imagem:⁷⁴ Experimento com arroz: Dois potes de arroz preparados da mesma maneira e mesmo momento, apenas expostos com diferentes sentimentos e palavras. Na sequência, diferença após alguns dias.

Imagem:⁷⁵ Experimento com arroz, depois de alguns dias, exposto a sentimentos e palavras.

74. Fonte: http://www.hypeness.com.br/2014/01/cientista-faz-experimentos-com-agua-pra-provar-que-o-pensamento-influencia-a-nossa-vida/
75. Fonte: http://www.hypeness.com.br/2014/01/cientista-faz-experimentos-com-agua-pra-provar-que-o-pensamento-influencia-a-nossa-vida/

Cada pote exposto a um sentimento durante algum período resultou em diferença no conteúdo, mostrando os resultados de cada ação e reação no vidro.

Como a Física Quântica trabalha com o mundo microscópico, é por meio de microscópicos eletrônicos que conseguimos perceber o que esconde o átomo em suas sutilezas.

Chegamos até o vácuo quântico, quando falamos em consciência e suas interações.[76]

> Quando nos aprofundássemos na matéria com um microscópio eletrônico e o apontássemos para a mão de uma pessoa, veríamos células, depois moléculas, depois átomos, depois o núcleo o átomo, depois os prótons, depois os quarks, depois as cordas e depois o Vácuo Quântico. O oceano de energia primordial infinita de onde tudo emerge. Não importa para onde olhemos com nosso microscópio, seja para a mão de uma pessoa, seja para a pele de um cachorro, seja para uma pétala de flor, seja para uma pedra, seja para o ar que respiramos, seja para qualquer coisa que exista no Universo, lá no fundo de tudo encontraremos esse Vácuo Quântico.

Então, esse é o famoso fenômeno que ainda precisa muito ser estudado e questionado quanto às suas interações e como realmente ocorre esse processo no vazio. A energia sutil do Universo sendo estudada.[77]

> Essa Energia Infinita que vibra de maneira interminável e quando diminui um pouco sua vibração pode ser tratada como massa (matéria). É assim que a matéria passa a existir no Universo. Essa matéria (o Vácuo Quântico), que diminuiu sua vibração (frequência), para poder ser tratada como partícula e, enfim, ser tratada como quarks, prótons, átomos, moléculas, células, órgãos, pessoas, etc.

Agora, a ciência se fez presente completamente nas frases anteriores e posteriores, explicação detalhada sobre o assunto do vácuo quântico.

---
76. Fonte: http://heliocouto.blogspot.com.br/2013/03/mecanica-quantica-viii.html
77. Fonte: http://heliocouto.blogspot.com.br/2013/03/mecanica-quantica-viii.html

O mais primordial é que tudo que existe é Vácuo Quântico, e uma frequência. Este Vácuo se reduz para interagir com a matéria, assim o Vácuo Quântico é pura consciência. Ele pode mudar de dimensão e atuar em inúmeras dimensões.

É o pensamento e sentimento que interferem nas escolhas e possibilidades. O pensamento cria, renova, transforma para o novo, seja ruim ou bom. A emoção é registrada continuamente.

A teoria da Física Quântica explica a possibilidade de termos o controle sobre o nosso futuro. Assim sendo, o pensamento e o sentimento influenciam o tempo todo os acontecimentos, estamos vibrando o tempo todo e nossos átomos estão sendo substituídos constantemente. Quando temos um olhar sobre determinado assunto e uma posição, mudamos o rumo do acontecimento e este muda o outro acontecimento, e assim vai.

Nada está pronto, e sim mudamos a nossa vida constantemente. Temos o controle sobre o nosso destino, com escolhas e possibilidades. É possível permitir-se mudar a história da vida, o futuro está em nossas mãos, sem exceção.

Mas é necessária uma reprogramação do inconsciente, e mudança de hábitos que podem ser reprogramados, basta ter disciplina e durante 15 minutos diários fazer em torno de dez respirações para relaxar e ativar a mente para a mudança de alguns hábitos. O ideal é começar com três a cinco objetivos, no máximo, para que a mente possa assimilar mais rapidamente. Não que não possam ser mais, mas a mente leva mais tempo para esta mudança de hábitos.

As sinapses são novamente programadas para novos hábitos, e novos caminhos então serão feitos. E também, para cada meta ou objetivo, a mente humana leva em torno de 21 dias para gravar; isto não é uma regra geral porque depende de pessoa para pessoa. Pode ser um tempo inferior como também pode levar 60 dias para que o inconsciente entre para esta mudança de hábito no piloto automático. Uma parte importante é salientar que depois da confirmação do hábito é interessante deixar por alguns segundos a mente em ponto zero, o que seria em ficar alguns segundos sem pensar em nada, nessa reprogramação do inconsciente.

E se a cada 21 dias conseguirmos uma reprogramação, então durante o ano conseguimos mudar muitos hábitos que já estavam no piloto automático desde a infância, e hábitos que nem queríamos mais, mas também não sabíamos como mudar estas atitudes impregnadas no inconsciente.

É necessária muita consciência do que se está fazendo, porque ninguém quer acontecimentos negativos, mas por meio das emoções não tem como negar que o mundo físico transforme tais emoções em ações. Simples, muito simples, mas de difícil ação. Mudar o rumo dos acontecimentos requer disciplina e ação. Os pensamentos e sentimentos são um grande aliado para atração daquilo que queremos, porque, se ficarmos pensando negativamente, irá nos prejudicar. A Mecânica quântica é fantástica em suas explicações, mas parece que as pessoas resistem em aceitá-la mesmo sabendo que estão trabalhando contra si mesmo com esta resistência.

Quando a humanidade entender e aceitar tudo isso, com certeza agirá de maneira diferente.

Conclusão

Este texto explica de forma clara e direta o quanto as ações, os sentimentos, pensamentos, a fala e as emoções afetam diretamente o nosso presente e futuro.

Referências

ABRAHAM, Esther; HICKS, Jerry. *The Law of Attraction: The Basics of the Teachings of Abraham, By (Spirit) Abraham*, Published by Hay House, 2006, ISBN 1401912273.

KAPTCHUK, T.; EISENBERG, D. (1998). *The Persuasive Appeal of Alternative Medicine. Annals of Internal Medicine*, 129 (12), 1061.

5

Depressão e a Física Quântica

Atualmente a doença do século tem sido a depressão. Muitas pessoas têm sentido os sintomas da doença. O número alarmante no mundo todo tem levado à abertura de clínicas para tratamento da enfermidade.

Na Europa, percebe-se um número maior de clínicas para internação e tratamentos para distúrbios mentais. Existem clínicas de internação nas quais é bastante normal haver internações durante longos períodos, levando alguns meses para a recuperação em um tratamento de depressão.

O Brasil ainda tem um número menor de pacientes, mas já há a percepção do mal enraizado em todas as classes sociais.[78]

> Depressão é o nome atribuído à angústia, tristeza, apatia, que se estabelecem por um período considerável na vida de uma pessoa e podem ter graves consequências orgânicas, podendo levar o indivíduo, nos casos mais profundos, ao suicídio ou até a morte por outra doença, por causa do enfraquecimento do sistema imunológico.

O organismo acaba enfraquecendo gerando outras doenças, sendo uma delas a anemia e, consequentemente, aparecem facilmente mais problemas de saúde.[79]

> Do ponto de vista da Física Quântica, a depressão é um desequilíbrio energético do organismo, que faz a pessoa atrair muita energia negativa do Universo, e nós sabemos os males que as energias negativas podem causar à saúde. Dessa

---
78. Fonte: http://www.maispatos.com/coluna/rodrigo_cezar/rodrigo-cezar-a7599.html
79. Fonte: http://www.maispatos.com/coluna/rodrigo_cezar/rodrigo-cezar-a7599.html

forma, a Lei da Atração tem um papel fundamental nesse processo, e ela é bem simples no que afirma: "Pense positivo para atrair energias positivas do Universo, pois a cada ação existe uma reação igual e em sentido contrário".

Muitas vezes as pessoas acabam pensando negativo quando as coisas começam a dar errado, como demissão do emprego, dívidas, relacionamentos falidos, entre outros.

Essa desordem no meio em que vivem acaba transformando pensamentos e ações em males que poderiam ser evitados.

Problemas em família também tendem a uma desordem no sistema nervoso levando à depressão, assim como a famosa doença pós-parto e outros distúrbios conhecidos em nosso meio social.[80]

"De acordo com a Física Quântica, todas as nossas possibilidades estão acontecendo simultaneamente, porém quando focamos a nossa atenção para a realidade, apenas uma possibilidade é concebida como real para que possamos experimentá-la como experiência de vida".

Temos a possibilidade de escolher o caminho que queremos seguir e construir o nosso próprio destino. Nada está pronto e tudo muda o tempo todo. As possibilidades são as mais variadas no meio em que vivemos.

A cada ação, vibramos a uma frequência. A escolha é nossa.[81]

> Pois bem, essas frequências que vibramos são diferentes de acordo com nossas emoções. Uma pessoa alegre está vibrando em uma frequência de ondas diferente de uma pessoa que está triste. Da mesma forma a depressão tem suas frequências. Uso o plural, porque existem vários tipos de depressão. Isso faz com que o tratamento também seja diferente. A depressão pode ser de causa conhecida, desconhecida, momentânea, isolada, frequente, crônica, ansiosa, estática, enfim, são várias as características a serem analisadas por um profissional a fim de determinar um seguimento terapêutico.

---

80. Fonte: http://psiquecep.blogspot.com.br/p/psicanalise-e-transtornos.html
81. Fonte: http://transformandoavida.com.br/mudando-a-frequencia-vibracional-da-depressao/

Descobrir a causa que é a tarefa mais árdua de todas.[82]

Vários deles repensaram algumas equações que sempre haviam sido descartadas na Física Quântica. Essas equações correspondiam ao campo de ponto zero, um oceano de vibrações microscópicas no espaço entre as coisas. Eles perceberam que se o campo de ponto zero fosse incluído em nossa concepção da natureza mais fundamental da matéria, o suporte do Universo seria um agitado mar de energia, um vasto campo quântico.

O que era verdade já havia sido descoberto muito tempo antes, mas por questões de dúvidas e incertezas foi descartado.

Desse modo a ciência caminha, mesmo descobrindo o real por meio de equações matemáticas que comprovam o que realmente está correto e foge ao alcance de pesquisadores.

Isso acontece em muitos experimentos em que se experiencia o correto e se acha que está errado. Mas assim, vamos fazendo ciência a passos lentos, até que ocorra um entendimento real e concreto da maneira de pensar.

Estamos inseridos no Universo, e nas últimas décadas o interesse em saber como ocorrem os distúrbios mentais e suas doenças tem sido alvo de estudo e muitas pesquisas.

Existem mais de mil distúrbios mentais que conhecemos até hoje, como: depressão, esquizofrenia, dificuldades de aprendizagem, entre outros. Um em cada cinco habitantes do Planeta Terra já teve algum tipo de doença neurológica, talvez muitos tenham a ou já tiveram alguma doença e nem sabiam. Então, a partir disso, é interessante saber como funciona a mente e as interações para que possamos combater este mal. Os tratamentos muitas vezes são caros e a falta de dinheiro e recursos também os tornam inviáveis.

Aí, se percebe quanto temos de estudar o cérebro e descobrir sobre ele. Qual será a causa de tantos distúrbios diferentes, chegando a mais de mil?

---

82. Fonte: http://elcienemariatigre.tumblr.com/post/107390278583/o-poder-da-inten%-C3%A7%C3%A3o-positiva-f%C3%ADsica-qu%C3%A2ntica

Cada doença é gerada por algum motivo, alguma forma diferente de ação e reação, a visão sobre cada enfermidade diferenciando-se de causas e efeitos e gerando um mal com mistérios a serem desvendados.[83]

> Ao contrário da visão de mundo de Newton ou Darwin, a perspectiva desses cientistas estimulava a vida. Eram ideias que poderiam nos fortalecer com suas implicações de ordem e controle. Não éramos simples acidentes da natureza. Havia um propósito e uma unidade em nosso mundo e no lugar que ocupávamos nele, tínhamos uma influência considerável em tudo isso. O que fazíamos e pensávamos era importante; na verdade, era fundamental para a criação do nosso mundo. Os seres humanos não estavam mais separados uns dos outros.

Por muito tempo se pensou de forma errada, leis de Newton são usadas até hoje e na época se considerava que era tudo o que tínhamos.

Talvez uma fenda em nossos olhos por um longo período, errado, mas acreditava-se nisso.[84]

> Contudo, já é tarde demais. A revolução é irreversível. Esses cientistas são apenas alguns dos pioneiros, uma pequena representação de um movimento mais amplo. Muitos outros estão vindo em seus rastros, desafiando, experimentando e modificando seus pontos de vista, envolvidos com o trabalho com o qual todos os verdadeiros exploradores se envolvem. Em vez de descartar essas informações como inadequadas segundo a visão científica do mundo, a ciência ortodoxa terá de começar a adaptar sua concepção de mundo para que ela se torne adequada.

É chegada a hora de relegar Newton e Descartes aos seus devidos lugares, isto é, aos de profetas de uma visão histórica hoje superada.

---

83. Fonte: http://elcienemariatigre.tumblr.com/post/107390278583/o-poder-da-inten%-C3%A7%C3%A3o-positiva-f%C3%ADsica-qu%C3%A2ntica
84. Fonte: http://elcienemariatigre.tumblr.com/post/107390278583/o-poder-da-inten%-C3%A7%C3%A3o-positiva-f%C3%ADsica-qu%C3%A2ntica

Imagem:[85] Ondas.

Exatamente este é o objetivo da ciência: avançar cada vez mais, o mesmo que na era de Newton, mas em razão de muitos experimentos e conclusões, já se sabe que essa era está superada definitivamente.

Avançamos sim. Estão aí as tecnologias para comprovar a Física Quântica como correta, basta que estudos sobre a consciência também sejam adaptados para a Física Quântica e entender de uma vez por todas que este mundo microscópico tem muito a mostrar como o Universo funciona nos seus mínimos detalhes.[86]

> O homem comum não tem condições de ver a realidade pelo prisma da teoria quântica, porque esse conhecimento é extremamente específico, e a linguagem da Física Quântica é a matemática avançada. De qualquer maneira, tudo o que chamamos de alta tecnologia: o telefone, a televisão, as lâmpadas fluorescentes, o laser, tudo isso está fundamentado na Física Quântica.

Não tem mais como negar que a Física Quântica seja correta, apenas é de difícil entendimento; só isso e nada mais.[87]

---

85. Fonte: http://elcienemariatigre.tumblr.com/post/107390278583/o-poder-da-inten%-C3%A7%C3%A3o-positiva-f%C3%ADsica-qu%C3%A2ntica
86. Fonte: http://curaquanticaestelar.blog.com/
87. Fonte: http://curaquanticaestelar.blog.com/

Do ponto de vista da Física Quântica, a mente prevalece sobre a matéria, e não o contrário, como a ciência está, até certo ponto, acostumada a colocar. Então, se a pessoa começa a ter uma compreensão da realidade fundamentada na Física Quântica, lógico que a mente tem de prevalecer sobre a matéria, e daí ela vai começar a dominar todo o processo de criação.

E para isso deve haver uma mudança de pensamento e de paradigmas, porque até então se achava que a física clássica explicava tudo.

Muitas coisas mudaram de patamar com a compreensão fundamentada na Física Quântica, mas apesar de ser de difícil entendimento, ainda historicamente se acreditava de forma errada nos os conceitos da mente e matéria.[88]

Porque é uma coisa complicada de ser colocada. Há cientistas que preferem não ter resposta nenhuma do que admitir que existem outros elementos para serem colocados dentro da ciência. De qualquer maneira, nós acreditamos que estamos em uma época de transição e vamos ter de colocar o homem dentro da ciência. Se a energia psíquica cria as experiências, a natureza, a matéria, se não colocarmos os elementos da mente humana na física, ficará extremamente complicado entender o que está acontecendo.

Mudanças de paradigma são necessárias para compreender definitivamente esta energia psíquica.[89]

O físico já sabe que o corpo humano troca todos os átomos a cada dois anos e meio. Como nos lembramos de coisas do nosso passado, deve existir algo além da energia e dos átomos que formam o nosso corpo físico: a mente. Não há como refutar a existência da mente. O que deve, portanto, transmitir as lembranças e os sentimentos talvez não seja a matéria (onde se acham os átomos), mas a mente. Por outro lado, saindo um pouquinho da Física e indo mais para a

---

88. Fonte: http://curaquanticaestelar.blog.com/
89. Fonte: http://curaquanticaestelar.blog.com/

Psicologia, Jung dizia que todo conhecimento está colocado em arquétipos.

Essa é a explicação para entendermos que, mesmo devagar, mudamos nossa história, porque se renovamos os átomos do nosso corpo a cada dois anos e meio, temos a oportunidade de mudar o rumo dos acontecimentos, mesmo que lentamente.

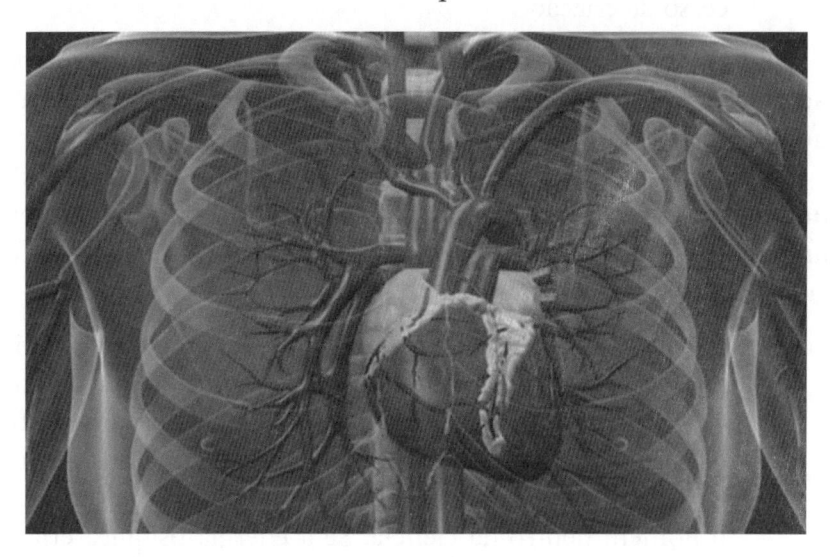

Imagem:[90] Não é novidade que depressão, ansiedade, raiva e sentimentos similares estão relacionados a doenças cardíacas. Uma alta dose de estresse, por exemplo, pode fazer o coração bater mais rapidamente e aumentar a pressão arterial, acelerando, assim, a possibilidade de um infarto. Mas não é só isso. De acordo com o jornal *Chicago Tribune*, um estudo conduzido pelo Centro Médico da Universidade de Duke, nos Estados Unidos, constatou que o contrário também acontece, ou seja, emoções positivas podem tornar alguém mais saudável.

Precisamos apenas cuidar de nossas emoções para, mesmo quando algo de negativo acontecer, não dar tanta importância e ficar remoendo ódio por muito tempo.

---

90. Fonte: http://www.tecmundo.com.br/ciencia/18673-a-ciencia-explica-o-poder-do-pensamento-positivo.htm

Dar mais leveza aos problemas que surgem, sem colocar tanto peso nas desilusões. Problemas todos têm, mas a forma como esses problemas são encaminhados é que fazem a diferença em longo prazo, já que mudamos os átomos do nosso corpo constantemente.

As doenças podem afetar muito os outros órgãos, por exemplo, a depressão pode afetar o coração e estas doenças estão correlacionadas. Sabe-se que a ansiedade gera uma série de problemas no organismo, o estresse nem se fala o quanto pode abater um organismo. Estudos na Universidade de Duke também constataram que altas doses de estresse podem levar a paradas cardíacas, elevando a pressão arterial e gerando uma série de problemas para o indivíduo. Mas os pesquisadores também cocluíram que uma qualidade de vida com emoções saudáveis pode levar à saúde do corpo.

Um ponto importante de se repensar para o controle de emoções. Pensamento mais sentimento geram as emoções, sejam positivas ou negativas, e estas que são registradas. Controlar o pensamento já é um bom começo.

Em Boston foi realizada uma pesquisa, durante 12 anos, com um grupo de voluntários homens que tinha de controlar emoções positivas e negativas. Os que tinham maior capacidade e controle sobre as emoções (apenas 6% desse grupo) tiveram ataques cardíacos, enquanto o outro grupo que não tinha tanto controle sobre as emoções positivas e negativas sofreu 14% de ataques cardiovasculares. Percebe-se que é necessário segurar a onda quando se refere a emoções, para o bom desempenho do coração.

Outro experimento realizado em uma comunidade de idosos, no ano de 2001 pelos estudiosos Seligman e Derek Isaacowitz, constatou um impressionante resultado em que as pessoas pessimistas sofrem menos de doenças de depressão. A questão é que o pessimista passa mais tempo se preparando mentalmente para decepções, enquanto o otimista não se torna tão resistente e sofre uma queda maior levando à depressão em razão da decepção que não soube suportar.

Isso parece mais algo do tipo de quem já está acostumado com derrotas, tendo mais chance de conseguir superar obstáculos que se impõem em devidas situações. Tipo a vida, que acaba ensinando e fortalecendo com dificuldades.

Quem já passou por situações difíceis tem mais probabilidade de não ter depressão tão fácil.

A depressão é gerada por momentos difíceis em que não são controladas as emoções.[91]

> Como é que a Física Quântica explica o caso de cura espontânea? Se fizer essa pergunta a um físico, ele vai lhe dizer que não tem explicação para isso. Mas nós achamos que, se a mente prevalece sobre a matéria, se a sua mente acreditar na possibilidade de ser curado e não tiver conflito, você vai conseguir se curar.

E para isso há um vasto campo de pessoas que se curaram, muitos casos em que os médicos deram um prazo de vida para seu paciente e nesse prazo houve a cura total.[92]

> Existem razões para se admitir que no campo atômico se deva centrar a causa e a cura das doenças, e que o pensamento tem o duplo poder de deslocar ou de reajustar os elétrons em suas órbitas. O pensamento, sendo uma forma de energia emitida pela alma, quando impregnado de emoções negativas como as do medo, do ódio, da inveja, da maldade, do ciúme, pode causar o deslocamento dos elétrons das suas órbitas atômicas, causando o sofrimento, as doenças, o fracasso.

O sentimento, a sintonia em que cada um está define aos poucos seu estado de saúde. Por mais que as pessoas acreditem que tudo está pronto, definido, e que o destino está pronto, não é assim.

Os átomos mudam constantemente em nosso organismo, então temos o poder de mudar a nossa história conforme os pensamentos e sentimentos, mesmo que isso leve algum tempo para acontecer. Mas o rumo de nossa vida está em nossas mãos.[93]

> Em outras palavras, podemos dizer que: pensamentos negativos descompensam energeticamente os átomos, promovendo o deslocamento dos elétrons de suas órbitas atômicas, desencadeando a desarmonia energética na estrutura das células e,

---

91. Fonte: http://curaquanticaestelar.blog.com/
92. Fonte: http://curaquanticaestelar.blog.com/
93. Fonte: http://curaquanticaestelar.blog.com/

consequente, ejeção dos elétrons das órbitas dos átomos que as constituem. Pensamentos positivos harmonizam a estrutura dinâmica dos átomos, com a recondução dos elétrons às suas respectivas órbitas, produzindo a harmonização do sistema energético das células e a consequente recondução ao seu estado normal.

Sem dúvida, o que está escrito anteriormente, basta: cuidar das emoções sempre e não se deixar levar pelos sentimentos negativos quando aparecem. Assim como também cuidar dos pensamentos negativos, para que eles não se tornem um hábito de pensar errado.[94]

Muitos estudos científicos mostraram que o treinamento em meditação pode levar a uma redução do estresse, da depressão e da ansiedade, e melhorar nossa atenção, nosso equilíbrio emocional e nossa resiliência mental, levando-nos a uma sensação de maior bem-estar interior.

Existem muitas terapias que trabalham o equilíbrio mental, emocional, mas a cultura enraizada de que isso pertence a uma religião não permite a mudança de paradigmas das pessoas.

Quando se fala em silenciar a mente, a cultura de que isso não é necessário se faz presente. Mas novos rumos estão tomando forma em diversos cantos do mundo.

Conclusões

A depressão é uma doença que provém de decepções e até de algumas causas ainda não descobertas. Também um vasto campo de tipos de depressão existe em nosso meio.

Referências

AKISKAL HS. "Mood disorders: clinical features". In: Kaplan HI, Sadock BJ, editors. *Comprehensive Textbook of Psychiatry*. 6. ed. Baltimore (MD): Williams & Wilkins; 1995. p. 1123-52.

---

94. Fonte: https://budismopetropolis.wordpress.com/2015/01/25/mente-meditacao-fisica-quantica-e-budismo/

BESELER CL.; STALLONES L.; HOPPIN JA, ALAVANJA MC; BLAIR A; KEEFE T.; KAMEL. "Depression and pesticide exposures among private pesticide applicators enrolled in the Agricultural Health Study". F. In: *Environ Health Perspect*. 2008 Dec; 116(12):1713-9.

DAMÁSIO, A. *O Erro de Descartes. Emoção, Razão e o Cérebro Humano*. São Paulo: Companhia das Letras, 1996.

FAISALl-CURY A.; TEDESCO JJ; KAHHALE S.; MENEZES PR; ZUGAIB M. "Postpartum depression: in relation to life events and patterns of coping. Arch Women Ment Health". 2004;7(2):123-31.

MEYER A.; KOIFMAN S; KOIFMAN RJ; MOREIRA JC; DE REZENDE Chrisman J.; Abreu-VILLACA Y. "Mood disorders hospitalizations, suicide attempts, and suicide mortality among agricultural workers and residents in an area with intensive use of pesticides in Brazil". In: *Toxicol Environ Health* A. 2010; 73 (13-14): p. 866-77.

Como Colapsa a Função Onda?

Depois do ano de 1900, quando Max Planck começou a desvendar os mistérios da Física Quântica, muitas mudanças ocorreram nos mais diversos segmentos.

O colapso da função onda é uma das mais completas teorias para o estudo da consciência. Somente quando uma partícula é observada por uma mente do ser humano, ela é transferida da realidade quântica para a realidade física, o que resulta no colapso da função onda. E como sabemos, na teoria quântica as partículas são invisíveis ao olho nu, e não é possível captá-las.

Mas a ciência tem obtido bons resultados percebendo que, para uma partícula se materializar na realidade física, é necessário que ela entre em contato com a consciência. Assim o colapso da função onda é uma fantástica e misteriosa parte da Física Quântica.

O colapso da função onda explica de maneira mais clara o funcionamento da mente, cérebro e consciência, mas, certamente, daqui alguns anos terá resultados mais precisos e exatos, com a continuação de trabalhos envolvidos na área.

Então, a mente do ser humano tem o poder de criar a realidade. Pois, agora, a ciência está descobrindo isso e confirmando por meio de experimentos, pesquisas e estudos. É claro que foi necessário construir grandes laboratórios para confirmar todas estas teses e avançar. E esses experimentos são comprovados com base em cálculos matemáticos, existe uma estrutura e base da física clássica anterior a isso tudo. Na ciência é assim: uma construção e reconstrução para avançar no conhecimento. Por esse motivo, a matemática explica satisfatoriamente, por meio de cálculos, o colapso da função onda, a maior e mais completa teoria existente até hoje. E se sabe que muito estudo ainda é necessário para completar algumas lacunas que aparecem.

A ciência comprova cientificamente por meio de resultados comprobatórios. Investigações foram realizadas durante anos para se chegar a esta conclusão. A matemática explica satisfatoriamente resultados por meio de cálculos.

Muitas pessoas ficariam sem saber o que dizer se soubessem o quanto frequentemente a sua realidade é criada, produzindo encontros, amores, desamores, circunstâncias positivas e negativas. Os cientistas Jon von Neumann, Eugene Wigner e David Bohn já acreditavam nisso e eles são ganhadores do Prêmio Nobel da Física, assim como Jon von Neumann muito contribuiu para a ciência, na época da Segunda Guerra Mundial.

Direcionar pensamentos, ter foco, é algo que se torna real e necessário atualmente na vida das pessoas.

Se as pessoas soubessem o quanto podem mudar a sua vida, a sua realidade, quanto uma mudança pode proporcionar leveza, muitas delas deixariam seus antigos paradigmas de lado e tomariam um rumo diferente para as suas vidas.

Mudar é difícil porque é desconhecido, mas a mudança pode transformar a história completamente. Acreditar em si é algo especial e precisa ser cultivado.

Nós somos os criadores de nossa realidade, temos este poder, criamos por meio da mente, e esta é a maior mensagem da teoria quântica, só não aceita isso quem não quer estudar e entender a Mecânica Quântica. O poder de criar a realidade está em nossas mãos, o importante é acreditar nos sonhos e ter a certeza fortemente de que eles se tornarão realidade fazendo uma reprogramação do inconsciente. Somos 5% conscientes e 95% inconscientes, o que algumas pessoas chamam de subconsciente.

Os registros todos estão no inconsciente, e então é ali que devemos ir e cancelar alguns hábitos errados e ativar novos hábitos; e para acessar o inconsciente é muito fácil, basta nos deitarmos e fecharmos os olhos e fazer algumas respirações profundas, soltando o ar pela boca, e entramos em nível alfa. É neste momento que podemos determinar para o inconsciente alguns comandos; após esta determinação de comandos, é interessante passarmos alguns segundos sem pensar em nada deixando o inconsciente em ponto zero.

É necessário disciplina, determinação e pelo menos 15 minutos diários, à noite, antes de dormir, e pela manhã, ao acordar, refazermos os comandos do inconsciente para que ele entre no piloto automático para hábitos desejáveis, ou alguns objetivos que gostaríamos de alcançar, como a compra de um carro novo, ou uma casa dos nossos sonhos, ou o relacionamento que desejamos ou o profissional que queremos, ou a saúde desejada, entre tantas coisas mais. Não adianta só ficar reclamando do governo, dos políticos, da família, do chefe, do namorado, marido, colega de trabalho, primeiramente temos que mudar a programação de nosso inconsciente, pois é lá que estão todos os registros errados, que estão sabotando todos os nossos sonhos.

A luta é diária e constante, assim que alcançamos um objetivo vamos para o próximo e próximo, o nosso corpo troca as células, os átomos constantemente, então estamos em transformação o tempo todo, a doença é transformada em saúde, o pessimismo é transformado em otimismo, a derrota é transformada para o sucesso, a escassez é transformada em abundância, a falta de dinheiro é transformada em abundância, a infelicidade é transformada em felicidade, o desânimo é transformado em ânimo, mas é necessário dar estes comandos para o inconsciente, até que as sinapses aconteçam e tenha rapidez e agilidade.

Imagem:[95] o canal da vontade, o que uma pessoa quer, é positivo. O canal da consciência, aquilo que está na mente da pessoa, é negativo, disse Hugenot. Positivo e negativo se anulam mutuamente, de

---

95. Fonte: https://www.epochtimes.com.br/sua-mente-pode-controlar-materia-fisica/#.VlL-9Nr-zkpo

modo que essas duas variáveis não aparecem nas equações, mas quando interagem, elas agem para colapsar a função de onda da partícula.

A questão daquilo que já está na nossa mente é complexo, também, e a vontade daquilo que queremos. Esta anulação do que temos e queremos, do que faz muitas vezes a grande vontade de ter algo de lado. Uma anulação da consciência, com a realidade. O problema do bloqueio leva a resultados insatisfatórios, estagnando desejos. Mas para criarmos a realidade a falta de sintonia, trava o desejo. Problemas diversos são um veneno jogado por cima dos sonhos ou desejos.[96]

> A Física Quântica calcula apenas possibilidades. Em vez de pensarmos nas coisas como possibilidades, temos o hábito de pensar que os objetos que nos cercam existem sem a nossa contribuição, sem a nossa escolha... Você precisa banir essa forma de pensar e reconhecer que no mundo material as cadeiras, as mesas, as salas, os tapetes não são nada além de possíveis movimentos da consciência.

É difícil pensar assim, porque viemos de uma cultura que diz que tudo está pronto, que tem destino certo. As pessoas ainda não sabem quantas possibilidades temos para escolher, que existem possibilidades e não destino certo. A física clássica não serve para explicar a consciência. Certo que há apenas cem anos se descobriu esse mar de possibilidades, mas que na verdade sempre existiu apenas a ciência não sabia disso.[97]

"O próprio Heisenberg, depois da descoberta da Física Quântica, disse que os átomos não são objetos, são tendências. Em vez de pensar em objetos, você deve pensar em possibilidades. Tudo é possibilidade subconsciente!"

Pensar que podemos mudar o rumo, que o subconsciente acolhe nossas possibilidades, mas não bloquear o desejo, ele é necessário para que aconteça tudo da melhor maneira possível.[98]

---

96. Fonte: http://jaf-mentalcoaching.blogspot.com.br/2015/05/o-poder-da-mente.html
97. Fonte: http://jaf-mentalcoaching.blogspot.com.br/2015/05/o-poder-da-mente.html
98. Fonte: http://jaf-mentalcoaching.blogspot.com.br/2015/05/o-poder-da-mente.html

Todas as ocorrências do universo material são possibilidades moldadas por nosso consciente/inconsciente, coexistindo, cada qual, em vários lugares ao mesmo tempo. Nós escolhemos (inconscientemente) onde vê-las. Já está sendo documentada em laboratórios de experiências quânticas a localização de um mesmo objeto em vários lugares simultaneamente, inclusive com registros fotográficos.

Essa é a parte mais interessante, em diversos lugares ao mesmo tempo. Escolher onde podemos ou queremos vê-las. Isso é novo e muitas pessoas não sabem disso mesmo, essa não localidade da Física Quântica.[99]

A nova ciência quântica nos apresenta alternativas. Assim, na nova visão quântica, eu escolho a experiência. Dessa forma, eu crio minha própria realidade. As pessoas continuam trabalhando, se aborrecendo, almoçando. Elas vão para casa e vivem a vida como se nada de especial estivesse acontecendo, pois é assim que se acostumaram; existe essa incrível mágica bem na sua frente e elas não veem.

Talvez quando a ciência divulgar melhor esses resultados, e mais pessoas se dispuserem a escrever e divulgar melhor esse assunto, haverá melhor entendimento.

Não devemos julgar a humanidade pelo fato de que ainda não sabe o quanto nossa mente pode ser moldada por pensamentos e sentimentos.

É necessário divulgação, para que as pessoas possam entender melhor como funciona a nossa consciência como um todo. Antigos paradigmas devem ser abandonados e culturas provavelmente sofrerão mudanças com o passar do tempo.

---

99. Fonte: http://jaf-mentalcoaching.blogspot.com.br/2015/05/o-poder-da-mente.html

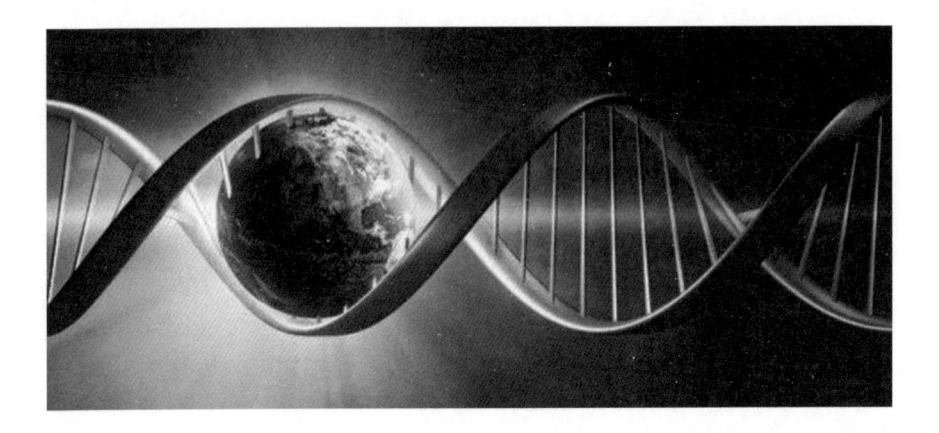

Imagem:[100] o DNA humano é uma Internet Biológica, superior em muitos aspectos à internet artificial. A mais recente pesquisa científica russa explica fenômenos como a intuição, clarividência, atos espontâneos de cura, autocura, técnicas de afirmação, a luz incomum/aura em torno das pessoas, influência da mente sobre os padrões climáticos, e muito mais. Além disso, há evidências de um novo tipo de medicina em que o DNA pode ser influenciado e reprogramado por palavras e frequências sem remover e substituir um único gene.

Isso simplesmente é fantástico! Novos olhares surgem mostrando como podemos comandar o nosso mundo mudando a cada dia, começando pela maneira de pensar e agir. Primeiramente mudando emoções e controlando o pensamento.[101]

> Pode-se simplesmente usar palavras e sentenças da linguagem humana! Isso também foi provado experimentalmente! A substância do DNA (no tecido vivo, não *in vitro*) sempre reagirá aos raios laser com linguagem modulada, e até mesmo às ondas de rádio, se as frequências apropriadas estiverem sendo usadas. Isso explica finalmente e cientificamente por que as afirmações, o treinamento autógeno, hipnose e a vontade podem ter efeitos tão fortes nos humanos e em seus corpos. É perfeitamente normal e natural para o nosso DNA reagir

---
100. Fonte: http://jaf-mentalcoaching.blogspot.com.br/2015/05/o-poder-da-mente.html
101. Fonte: http://jaf-mentalcoaching.blogspot.com.br/2015/05/o-poder-da-mente.html

à linguagem. Enquanto os pesquisadores ocidentais cortam genes simples do DNA e os inserem em outros lugares, os russos entusiasticamente trabalham em dispositivos que podem influenciar o metabolismo celular por meio de adequada rádio a frequência modulada e frequências de luz para assim reparar defeitos genéticos.

Então, por meio de palavras positivas, conseguimos reprogramar as nossas mentes por causa de seus efeitos. São alguns meios para alcançar objetivos propostos por nós, reprogramando a consciência.

Existem terapias que podem ajudar a mudar esses conceitos do nosso inconsciente ou subconsciente.

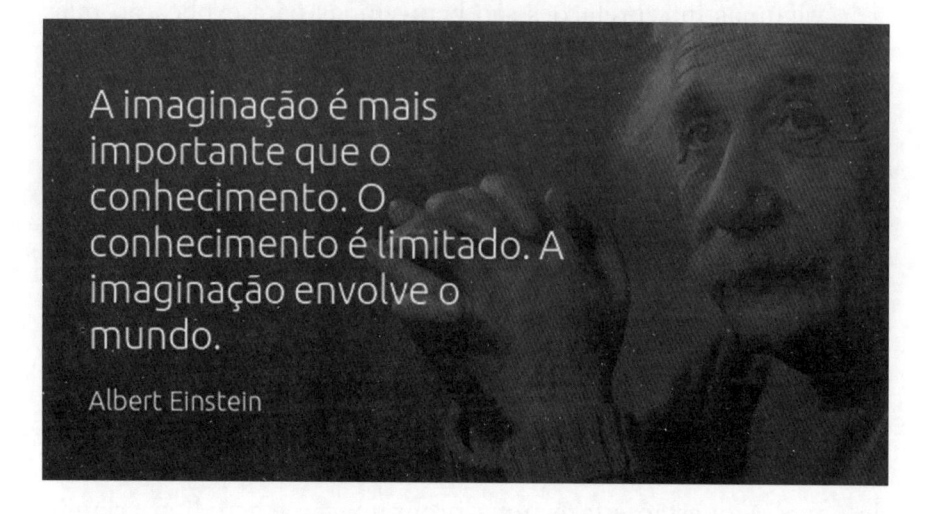

> A imaginação é mais importante que o conhecimento. O conhecimento é limitado. A imaginação envolve o mundo.
>
> Albert Einstein

Imagem:[102] Albert Einstein. Sábias palavras de Albert Einstein. Parece um dizer simples quando não entendemos a sua profundidade, mas depois de entender a Física Quântica é que começamos a pensar o quanto foi profunda essa frase do grande gênio.

Mudar conceitos, imaginar é o que muda a nossa história. Não somente acompanhar o que os outros dizem e ter isso como certo.

Se fosse assim não teríamos ciência sendo trabalhada constantemente e nada poderia mudar, tudo estaria pronto.[103]

---

102. Fonte: http://jaf-mentalcoaching.blogspot.com.br/2015/05/o-poder-da-mente.html
103. Fonte: https://pt.wikipedia.org/wiki/Colapso_da_fun%C3%A7%C3%A3o_de_onda

Em certas interpretações da mecânica quântica, o colapso da onda é um dos dois processos pelos quais um sistema quântico aparentemente evolui de acordo com as leis da mecânica quântica. Isto é também conhecido como colapso do vetor de estado. A existência do colapso da função de onda é necessária:
- ✓ na versão da interpretação de Copenhague, em que a função de onda é real;
- ✓ na denominada interpretação transacional;
- ✓ na interpretação espiritual, na qual a consciência causa o colapso.

Algumas interpretações são bem-vindas para explicação mais detalhada do colapso da função onda e consciência. A parte interessante da ciência comprova o conteúdo e, por meio da matemática, explica o colapso da função onda.

Nosso corpo e nossa mente vibram o tempo todo, então tudo o que pensamos e sentimos vibra. Mas, na Física Quântica tempo/espaço, para que ocorra o colapso da função onda, são necessários apenas 17 segundos e criamos a realidade no pico do Vácuo Quântico, que acaba se tornando infinitas possibilidades.

Assim, a Lei da Atração é valida, pois tudo é energia, tudo são átomos, e a energia cria ondas de possibilidades. Mas se eu mudar o pensamento, e tenho dúvidas de que eu crio aquela realidade, então eu descolapsei a função onda e preciso começar a programar tudo de novo. A questão é fazer uma programação e acreditar criando imagens, sons, visualizações porque a nossa mente não distingue o que é imaginário ou real, a mente aceita o imaginário como verdade absoluta, e é ali que podemos fazer com que nossos sonhos se tornem realidade.

Como seria o correto para que consigamos moldar corretamente o que queremos? No momento que não tivermos mais dúvidas e não mudarmos de opinião, podemos colapsar a função onda.

Entre os estudos e pesquisas, conta o cientista Hugenot, que trabalha em conjunto com o Dr. Evan Harris Walker. Ele atua no Ballistic Research Laboratory e constatou em seus experimentos, incluindo a observação da equação de Schroedinger, e no ano de 2000,

Dr. Wlaker descreveu duas variáveis ocultas, sendo uma delas o canal da vontade e a outra o canal da consciência.

Mas como já foi dito anteriormente, temos muitos problemas e medos já gravados na nossa mente que colocam em dúvida nossas ações e acabamos não colapsando a função onda.

Bem interessante essa pesquisa e sua conclusão, porque, por meio da matemática, tudo se explica, e muitas vezes são exatamente variáveis ocultas que necessitam ser descobertas para completar o experimento e avançar. Assim, muitas vezes muda o rumo das conclusões, coisas novas são inseridas no contexto explicativo.

Uma única e grande verdade, as pessoas que ainda não entenderam a complexidade da ciência e quanto seu avanço pode contribuir para o desenvolvimento da humanidade.

Muitos outros cientistas pensam assim e acreditam no colapso da função, entre eles William James, Bertrand Russel, Arthur Eddington e Roger Penrose.

Quando eu envio uma vibração de propósito para o Universo, estou orquestrando o que estou alinhando para mim, para que o mesmo me devolva sobre o meu propósito vibratório. E assim sendo cada átomo já tem autoconhecimento, infinitas autoconsciências que interagem com a sua própria autoconsciência.

Os pensamentos e sentimentos geram atitudes e ações do presente e futuro. Não há como não acontecer algo que é muito desejado por muito tempo. O que não pode acontecer é duvidar nem acreditar no merecimento. E também deve haver emoção envolvida.

Tudo que existe são ondas infinitas de probabilidades que estão indo e vindo ao Vácuo Quântico. Quando pensamos e sentimos 100% daquilo que queremos com emoção, ela colapsa a função onda e cria a realidade, como já foi dito, em torno de 17 segundos. O maior problema é que entre a intenção e o realizar não pode haver dúvida, não pode haver pensamento negativo, porque sendo assim será anulado. O colapso da função onda só acontece se a pessoa acredita que ela pode criar esta realidade; no momento que ela tiver dúvidas, ela descolapsa a função onda.

Basta acreditar, pensar e sentir com emoção. O maior problema das pessoas é exatamente não acreditar no seu poder pessoal.[104]

O Colapso da Função de Onda, por Hélio Couto: "Por mais que se filosofe a respeito disso, é um fato. Todos podem comprovar isso. Os físicos podem discutir até o fim dos tempos sobre a interpretação dos experimentos, mas a nossa experiência prática mostra que colapsamos a função de onda quando decidimos algo. Todas as pessoas podem chegar à mesma conclusão com um simples experimento. Imagine o que você quer que aconteça com qualquer coisa. Pode ser um evento positivo ou negativo. Não importa. O colapso acontecerá.

Basta permanecer acreditando, sem parar, até acontecer, com confiança e convicção.

O que na verdade acontece no espaço/tempo é que precisamos continuar a acreditar no que flui no *continuum*, pois a onda de possibilidades continua, quando colapsamos e devemos continuar pensando da mesma maneira, e ao pensar o contrário, sabotamos nossos objetivos. Neste contexto colapsamos ou descolapsamos, e o inconsciente, o consciente e subconsciente continuam atuando como um todo.

O que mais prejudica tudo isso são os traumas que a pessoa já teve anteriormente, dificuldades pelas quais ela já passou; superar e quebrar paradigmas e preconceitos é outro item bastante comum, assim como sair da zona do conforto. Fazer mudanças na vida é simplesmente encarar uma nova realidade, vislumbrar o novo, o desconhecido. Quebrar um tabu pode não ser tão fácil assim.

Na maioria das vezes, a realidade não acontece quando estamos impregnados de traumas, preconceitos, paradigmas nos quais a nossa mente acredita fielmente que não seja possível. Então, todos esses sinais acabam bloqueando o desejo de querer aquilo. No fundo queremos, mas não acreditamos que podemos ter, então ocorre o bloqueio de criar a realidade.[105]

---

104. Fonte: http://mqsemlimites.com/viewtopic.php?t=16&p=38
105. Fonte: http://mqsemlimites.coms/viewtopic.php?t=16&p=38

Quando a consciência atinge um grau x de complexidade, ela passa a analisar n variáveis sobre um problema ou situação qualquer. Nesse ponto, ela tem de tomar a decisão de agir em termos sociais, políticos e econômicos. Uma forma de evitar isso é fazer cursos e mais cursos. Nunca estando pronto ou preparado para mudar a própria vida. Falta mais um curso, mais um livro, antes de agir. E esse agir nunca chega.

Isso é hábito errado, achar que sempre há algo ainda por fazer. É comum acreditar nisso e sempre esperar por mais, nunca estar pronto para concretizar e mudar.

Albert Einstein já dizia que tudo é energia; o mais difícil é pessoas aceitarem esse novo paradigma. E muitas pessoas não entendem muito bem essa tal de teoria quântica e como funciona. Não é só uma questão de que a Física Quântica seja difícil de entender; o difícil é as pessoas irem em busca de realmente entender e de ler um pouco mais como funciona a nossa consciência.[106]

O colapso da função de onda é o que acontece quando exercemos uma escolha. Considere que o campo do potencial da consciência é uma mancha coerente de informação infinita e potencial indiferenciado, o potencial da consciência é tudo incluso, não exclui nada. Fora da coerência um campo infinito indiferenciado que é muito parecido com o potencial de um mar imóvel, possibilidades distintas como ondas no firmamento sem coerência do todo em subconjuntos. Estes continuam a fazer parte do todo, mas eles têm características ondulatórias que estão em movimento e podem ser controlados pelo cérebro direito intuitivo.

Controlar os pensamentos, as ações, porque toda ação tem uma reação, mudar e alcançar objetivos é importante. Persistir e lutar para vencer hábitos errados.

E, na verdade, tudo é uma onda de possibilidades, nada é estático e tudo muda o tempo todo, entre futuro e passado e presente, é

---

106. Fonte: https://portal2013br.wordpress.com/2014/05/30/criacao-da-realidade-interativa-colapso-da-funcao-de-onda-no-coracao-centrado-na-consciencia/

um constante vai e volta. E tem uma onda que ondula tudo no espaço/tempo. Então, tudo é energia, sempre, não há como ser diferente.

Isso é de fácil compreensão quando vemos que algo em nossa vida acaba se repetindo várias vezes. É bom analisar a situação de forma ampla e verificar o que acaba voltando ao mesmo ponto, basta analisar de forma criteriosa as situações.[107]

> Mesmo conscientes disso tudo, estaríamos preparados para mais esta: a possibilidade de que a própria consciência, possa operar com base em princípios ou efeitos quânticos? Pois é o que andam conjecturando algumas das mentes mais brilhantes de nosso tempo... e alguns franco-atiradores também. A descoberta do mundo quântico, que tanto impacto teve nas ciências e tecnologias, ameaça agora envolver o etéreo universo da psique. A maior descoberta, talvez de todos os tempos, mesmo que físicos e matemáticos tenham se debruçado para descobrir como funciona essa teoria e a aplicaram inicialmente em tecnologias. Deu muito certo, certíssimo.

O Universo psique ficou para os neurologistas, mas a contribuição de físicos tem sido inevitável para o avanço.[108]

> Desde o início de sua formulação, a Física Quântica apresentou uma dificuldade essencial: a necessidade de se atribuir um papel fundamental para a figura do observador (aquele que está realizando um experimento quântico). Isso decorre do fato de a teoria quântica ser de caráter não determinístico, ou seja, trata-se de uma teoria para a qual a fixação do estado inicial de um sistema quântico (um átomo, por exemplo) não seja suficiente para determinar com certeza o resultado de uma medida efetuada posteriormente sobre esse mesmo sistema. Pode-se, contudo, determinar a probabilidade de que tal ou qual resultado venha a ocorrer. Mas, quem define o que estará sendo medido e tomará ciência de qual resultado se obtém com uma determinada medida é o

---

107. Fonte: http://www.comciencia.br/reportagens/fisica/fisica14.htm
108. Fonte: http://www.comciencia.br/reportagens/fisica/fisica14.htm

observador. Com isso, nas palavras de E. P. Wigner, foi necessária a consciência para completar a mecânica quântica.

O pesquisador Wigner fez um avanço considerável para a contribuição da Física Quântica. Cada qual investiga algo que contribua de forma razoável, assim a ciência mostra para a humanidade que é possível criar e experimentar algo novo.[109]

> De fato, que poder é esse da nossa mente, capaz de materializar matéria cerebral? Além dos espinhos dendríticos, existe alguma outra evidência científica de que a mente humana possui, de fato, esse imenso poder de materializar coisas? Sim: a Física Quântica, porquê do chamado Colapso da Função de Onda. Segundo o Princípio da Complementaridade, na realidade quântica da dimensão ondulatória as partículas existem invisivelmente, em uma realidade sem tempo e sem espaço, em que as coisas podem surgir do nada e desaparecer do nada. É nisso que em Física de Partículas o formalismo da Teoria Quântica de Campo faz os físicos acreditarem.

Complexa essa questão. Muito a ser estudado ainda sobre esse assunto.[110]

> Você sabe que o tempo de vida de uma partícula instável é bastante curto, quase um nada de tempo. Todavia, quando uma dessas partículas é observada, verifica-se que o seu tempo de vida aumenta. Ou seja, ao contato com uma consciência, a partícula é puxada para existir na realidade física, materializada. A esse processo os físicos chamam de Efeito Zeno.

Pelo visto há mais descobertas impressionantes por aí.[111]

> Quando você realmente compreende algo e permanece pensando nisso constantemente, você também está submetendo o seu pensamento ao Efeito Zeno e, desse modo, atuando para que ele se materialize na realidade física. A realidade é sustentada pelo pensamento; já faz bastante

---

109. Fonte: http://osnyramos.blogspot.com.br/2015/07/o-poder-quantico-da-mente-atraves-do.html
110. Fonte: http://jaf-mentalcoaching.blogspot.com.br/2015/05/o-poder-da-mente.html
111. Fonte: http://jaf-mentalcoaching.blogspot.com.br/2015/05/o-poder-da-mente.html

tempo que isso vem sendo postulado pelos filósofos, e agora também pelos físicos quânticos.

Quando você efetivamente compreende algo, então a sua mente fica diferente. De fato, ocorre uma mudança mental em você, embora isso não seja acompanhado de nenhum sinal visível. A Neurociência não conta toda a história do que acontece durante o processo da compreensão.

Mas os neurocientistas vêm tendo um considerável desempenho para mostrar à população mundial como acontece o processo da consciência, inconsciência ou subconsciência.

Os *insights* são um modelo propício para compreensão daquilo que nos vêm claramente no momento propício.[112]

> Você já ouviu falar sobre coisas como *insight* ou intuição? Você sabe que em Física Quântica os físicos chamam isso de Salto Quântico? Você também sabe o que é preciso fazer para ter um *insight* ou uma intuição? Não? Então, lá vai: basta você ter uma compreensão clara e precisa sobre o que você deseja e pensar nisso com frequência, e assim você estará cognitivamente aberto às intuições e aos saltos quânticos.

Quanto mais pesquisas ocorrem em torno deste assunto, mais avanço acontece sobre a consciência, o maior problema é que poucos cientistas se interessaram sobre o assunto.

Outro exemplo bem prático é este a seguir, sobre a formiga, que explica de forma simples o acontecimento, e ao natural ocorre o envio de mensagens do grupo de formigas.[113]

> Na natureza, a hipercomunicação foi aplicada com sucesso por milhões de anos. O fluxo organizado de vida dos insetos prova isso dramaticamente. O homem moderno sabe que somente se alcança isso em um nível muito mais sutil como "intuição". Mas nós, também, podemos recuperar o pleno uso do mesmo. Um exemplo da natureza: quando uma formiga rainha está separada espacialmente de sua colônia, a construção ainda continua fervorosamente e de

---
112. Fonte: http://jaf-mentalcoaching.blogspot.com.br/2015/05/o-poder-da-mente.html
113. Fonte: http://jaf-mentalcoaching.blogspot.com.br/2015/05/o-poder-da-mente.html

acordo com o plano. Se a rainha morre, no entanto, todo o trabalho na colônia para. Nenhuma formiga sabe o que fazer. Aparentemente, a rainha envia os "planos de construção" de longe, pela consciência de grupo (EGRÉGORA). Ela pode estar tão longe quanto ela quiser, contanto que ela esteja viva. No homem, a hipercomunicação é encontrada com mais frequência quando subitamente se ganha acesso à informação que está fora da base de conhecimento.

Mais um motivo para se perceber que existe algo a mais na natureza, basta buscar uma explicação séria sobre o assunto.

Conclusão:

O colapso da função onda tem sido o carro-chefe da teoria quântica aliada à consciência.

Referências

A. EINSTEIN; B. PODOLSKY ROSEN N., "Can quantum-mechanical description of physical reality be considered complete?" Phys. Rev. 47 777, 1935.

DEUTSCH. D. *The Fabric of Reality*, Allen Lane, 1997. Though written for general audiences, in this book Deutsch argues forcefully against instrumentalism.

FUCHS C. PERES A. Quantum theory needs no interpretation, Physics Today, March 2000.

HEISENBERG, W. *Física e Filosofia*. 3. ed. Brasília: UnB, 1995.

MUYNCK W. M. de. *Foundations of quantum mechanics, an empiricist approach*. Dordrecht: Kluwer Academic Publishers, 2002, ISBN 1-4020-0932-1.

7

A Linguagem sobre a Física Quântica

A linguagem no decorrer do tempo sofre alterações à medida que a ciência vai sendo experimentada e vão sendo descobertos novos olhares e situações que modificam passo a passo o meio em que vivemos.

Sabe-se que os antigos acreditavam naquilo que percebiam e na forma como percebiam. As tecnologias ainda não eram tão avançadas, então, não conseguiam uma precisão tão grande como atualmente.[114]

> A linguagem é o meio que utilizamos para fazer, divulgar e utilizar ciência para dar conta das nossas relações com o mundo. Contudo, conforme a ciência avança, essa linguagem sofre modificações. O progresso da técnica experimental dos nossos tempos coloca ao alcance da ciência novos aspectos da natureza que não podem ser descritos na forma de conceitos da vida diária.

O progresso existe lentamente em algumas áreas e em outras mais rapidamente. Faz cem anos que a ciência deu uma guinada quando se achava que na Física já não havia mais nada a descobrir.

A partir daí, houve a maior revolução de todos os tempos; a descoberta da Física Quântica está modificando muitas áreas nos mais diversos setores por causa de um pensar completamente diferente sobre o mundo.[115]

---

114. Fonte: http://www.scielo.br/scielo.php?pid=S1516-73132011000200011&script=sci_arttext
115. Fonte: https://agenciacienciaweb.wordpress.com/2012/10/18/mas-afinal-o-que-e-fisica-quantica/

A Física Quântica pode parecer um assunto difícil de ser entendido, e isso faz com que esse estudo fique distante do cotidiano da população. Porém, foram as pesquisas nessa área que deram origem a tecnologias fundamentais para nossa vida, como o GPS, o transistor, o *laser* e a ressonância magnética nuclear, usada em hospitais.

Então, a saúde se apropriou dessa nova descoberta sobre a qual sabemos também que ainda há muito a se descobrir.[116]

Davidovich explica que, muitas vezes, há um abuso de linguagem por parte de pessoas que têm um conhecimento superficial sobre a Física Quântica. Há uma extrapolação das propriedades quânticas para domínios em que elas não se aplicam. Segundo ele, cerca de 30% do PIB norte-americano está diretamente ligado ao estudo quântico. Nosso cotidiano foi profundamente afetado pela Física Quântica, segundo o professor.

São palavras de cientistas famosos que realmente entendem desse assunto. O cotidiano foi muito mudado; não há como negar isso.

A cada dia são realizadas novas descobertas fantásticas que estão sendo desenvolvidas durante anos por cientistas e estudiosos.[117]

Daí vem a ideia do ativismo quântico, ou seja, de nos enxergarmos como seres protagonistas, responsáveis pela vida que temos, com seus momentos bons e ruins, acertos e erros. Assim, tomar ou não novos rumos não depende de mais ninguém, senão de nós mesmos.

As religiões e ideias da física clássica, inclusive de Isaac Newton travaram muito a verdade sobre nós mesmos e como devemos pensar e viver realmente. As religiões deixaram claro que Deus quer as coisas para nós, mas não é assim. Somos responsáveis por nós mesmos e não os outros nem Deus. A teoria diz que todos nós somos deuses, criadores de nossa própria realidade. Podemos mudar a

---

116. Fonte: https://agenciacienciaweb.wordpress.com/2012/10/18/mas-afinal-o-que-e-fisica-quantica/
117. Fonte: http://www.asboasnovas.com.br/gente/descubra-o-mundo-da-fisica-quantica-e-assuma-o-papel-de-protagonista-da-sua-vida

realidade o tempo todo, temos escolhas para fazer conforme nossas escolhas.

O movimento é feito por nós mesmos e não tem nada a ver com os outros. Depende da nossa criação, da nossa ética, do nosso querer mudar, superar. Nada vem pronto, tudo pode ser transformado por nós.

Stephen Hawking é um cientista que defende que tudo acontece por meio do caos. Assim também outros cientistas renomados defendem esta tese, mas não sabemos ao certo ainda quem tem total razão, e provavelmente também não acontecerá, porque no ano de 1900, antes de Max Planck descobrir a Física Quântica, achava-se que a Física estava completa e não tinha mais nada para descobrir.

O mesmo cientista Stephen Hawking defende algumas teorias, em que ele próprio também muda de opinião com o tempo, afinal ele é cientista, e todo cientista está primeiramente aberto a novos olhares porque depois de experimentos comprovados não há mais como negar o novo e mudar de opinião. Se não fosse assim, ele não seria cientista. Na Universidade de Tecnologia de Texas, Estados Unidos, um cientista defende que existem Mundos Paralelos, segundo ele explica por meio da Mecânica Quântica. Este físico e químico fala sobre a interação dos mundos, uma interação mútua que resulta na origem dos efeitos quânticos.

Imagem:[118] Um físico e químico da Universidade de Tecnologia do Texas desenvolveu uma nova teoria da mecânica quântica, que não apenas presume a existência de mundos paralelos, mas também que sua interação mútua é o que dá origem a todos os efeitos quânticos observados na natureza.

Cada cientista tem sua própria forma de pensar e olhar a questão da ciência em que está envolvido na pesquisa.

---

118. Fonte: http://hypescience.com/todas-esquisitices-quanticas-podem-ser-o-resultado-de-mundos-paralelos-interagindo/

A Linguagem sobre a Física Quântica

Todos têm o direito de desenvolver uma pesquisa na direção que quiserem, pois assim surge o novo. Milhares de experimentos não dão em nada, ainda que pesquisados durante anos; mas também assim o contrário acontece. Basta um olhar aonde ninguém havia percebido antes, enxergar o que ninguém havia enxergado antes.[119]

> Por exemplo, algumas teorias foram elaboradas, em alguns casos no mesmo período, por pessoas que não se conheciam, moravam em diferentes países e não tinham conhecimento racional, consciente, do trabalho do outro (o trabalho do outro é um evento físico, a construção da teoria é um evento psíquico, e esse fato é um evento sincrônico).

Várias descobertas foram realizadas assim, e esta é a melhor parte: o mesmo evento sendo testado em diferentes partes do mundo sem um ter conhecimento do outro e chegar ao mesmo resultado no mesmo espaço de tempo. Assim, ao menos, não há dúvidas sobre o resultado de ambos.[120]

> E se hoje busca-se encontrar uma ponte entre a Física Quântica e a Sincronicidade, é porque essas transformações na visão de mundo, seguidas de suas respectivas construções mentais, não mudam o fato de as mentes criadoras possuírem as mesmas propriedades mentais, comuns a todos, fazendo com que, em algum lugar, mentes conscientes percorram os caminhos apontados pelo conjunto de transformações envolvendo mente, consciência e psique humana.

A ciência aos poucos deve desvendar o porquê de duas equipes distantes realizarem o mesmo experimento e tirarem as mesmas conclusões ao mesmo tempo. A psique sendo pesquisada no mundo. O que talvez seja necessário é que mais pesquisadores da área da neurociência dediquem mais tempo para a ciência.[121]

> A ideia das atualizações do inconsciente pode ser pensada como sendo o resultado do acúmulo de acontecimentos e

---
119. Fonte: http://www.rascunhodigital.faced.ufba.br/ver.php?idtexto=168
120. Fonte: http://www.rascunhodigital.faced.ufba.br/ver.php?idtexto=168
121. Fonte: http://www.rascunhodigital.faced.ufba.br/ver.php?idtexto=168

excitações em nível quântico, pois o inconsciente é também um espaço virtual de possibilidades, o vazio, algo que corresponde ao conceito de vácuo quântico presente na teoria quântica.

O vácuo quântico é muito estudado, assim como o Condensado de Bose-Einstein resolve uma questão instigadora sobre a consciência. Sem dúvida, estudos e avanços ainda serão necessários, e se sabe que enquanto a ciência for desenvolvida, o desenvolvimento acontece. Momentos mais rápidos e momentos mais lentos. Tudo depende também de uma questão financeira que está disponível para estudos, experimentos e laboratórios que têm condições de avançar nas pesquisas. Outro item são as tecnologias disponíveis para tal, já que se estuda o mundo microscópico.[122]

> Até aqui, pensamos na ciência como uma forma de padronização de percebermos o universo que nos cerca, os macro e micromundos, visando melhor compreensão de onde nos encontramos imersos e, consequentemente, melhor interação com o meio onde habitamos, sem que isso implique em um conhecimento onde paire a certeza. A percepção do micromundo ocorre no inconsciente de forma indizível, colapsando nos eventos resultantes da ação humana.

O muito pequeno sendo estudado e transmitido para o mundo.[123]

> Chamaremos de atividade mental todas as transformações na matéria, pois qualquer movimento no espaço-tempo decorre de uma atividade mental. Decerto, a mente humana não define todas as atividades mentais no planeta nem no universo, mas mantém sempre, em potência, a possibilidade de atualizá-las. Há no Universo potencial e virtual das possibilidades, o inconsciente ou o vácuo quântico, a imanência da totalidade do Universo.

Aqui, muitas perguntas ficam em aberto e cientistas tentam desvendar este mistério que paira, mas, com certeza, a ciência avançará a passos largos e curtos com o passar do tempo.

---

122. Fonte: http://www.rascunhodigital.faced.ufba.br/ver.php?idtexto=168
123. Fonte: http://www.rascunhodigital.faced.ufba.br/ver.php?idtexto=168

Pooper já definia as questões da Física Quântica, fez sua contribuição com suas ideias, mesmo sendo contrariado por outros cientistas.[124]

> Uma teoria não é uma imagem. Uma teoria não precisa ser compreendida por meio de imagens visuais: compreendemos uma teoria quando compreendemos o problema a que ela se destina a resolver e a maneira como o resolve melhor ou pior do que as suas concorrentes. Essas considerações são importantes por causa das intermináveis discussões existentes sobre a imagem de partícula e a imagem de uma onda e da sua suposta dualidade ou complementaridade, e sobre a pretensa necessidade, definida por Bohr, de se utilizar imagens clássicas por causa da dificuldade (admissível mas irrelevante) ou até talvez impossibilidade de se visualizar e, portanto, compreender os objetos atômicos. Mas esse tipo de compreensão é de escassa importância. E a negação da possibilidade de se compreender a teoria dos quanta teve as repercussões mais tentadoras, quer no ensino quer na verdadeira compreensão da teoria. De fato, toda esta discussão das imagens não tem a menor influência quer na Física ou nas teorias físicas quer na compreensão destas. [...] Se os conceitos são relativamente pouco importantes, as definições necessariamente terão também de o ser. (POPPER, 1992, p. 62)

Pooper teve discordâncias em suas ideias, mas mesmo assim falava sobre a Física Quântica, mesmo que algumas vezes tinha dificuldades em divulgar em revistas os seus trabalhos.

Conclusão

A linguagem da Física Quântica sendo modificada constantemente; assim se faz ciência. Percepções e novos olhares desenvolvem o mundo, descobrindo o que ainda é possível fazer para melhorar o Universo.

---

124. Fonte: http://www.scielo.br/scielo.php?pid=S1516-73132011000200011&script=sci_arttext

Referências

MEHRA, J.; RECHENBERG, H. *The Historical Development of Quantum Theory* (em inglês). [S.l.]: Springer-Verlag, 1982.

POPPER, K. *A Teoria dos Quanta e o Cisma na Física*. 2. ed. Lisboa: D. Quixote, 1992.

FEYNMAN R. P.; LEIGHTON, R. B. Addison-WESLE M. SANDS; Y. *The Feynman Lectures on Physics*, 1975.

8

Corpo Humano e Física Quântica

As pesquisas científicas têm mudado a forma de pensar sobre o mundo e a consciência. Durante muito tempo se acreditava que as teorias de Newton estavam corretas, mas atualmente já se sabe que é diferente, e assim se faz ciência; tomara que estejamos muito próximos de saber o que realmente acontece com a nossa mente, com os nossos pensamentos.[125]

> É a consciência que cria o universo material, não o contrário. Lanza aponta para a estrutura do próprio Universo e diz que as leis, forças e constantes variações deles parecem ser afinadas com a vida, ou seja, a inteligência que existia antes importa muito. Ele também afirma que o espaço e o tempo não são objetos ou coisas, mas, sim, ferramentas de nosso entendimento animal.

Memória, inteligência, pensamentos, ações são regidas por leis dais quais algumas ainda são desconhecidas por nós na atualidade. Os neurologistas tentam de muitas maneiras elucidar esse mistério que ronda tudo que tem relação com a nossa vida e o que acontece com essa mente e memória depois que morremos.[126]

> A teoria sugere que a morte da consciência só existe como um pensamento porque as pessoas se identificam com o seu corpo. Eles acreditam que o corpo vai morrer mais cedo

---

125. Fonte: http://despertarcoletivo.com/cientistas-acreditam-que-a-fisica-quantica-comprova-a-reencarnacao/
126. Fonte: http://despertarcoletivo.com/cientistas-acreditam-que-a-fisica-quantica-comprova-a-reencarnacao/

ou mais tarde, pensando que a sua consciência vai desaparecer também. Se o corpo gera a consciência, então a consciência morre quando o corpo morre. Mas se o corpo recebe a consciência da mesma forma que uma caixa de tevê a cabo recebe sinais de satélite, então, é claro que a consciência não termina com a morte do veículo físico. Na verdade, a consciência existe fora das restrições de tempo e espaço. Ela é capaz de estar em qualquer lugar: no corpo humano e no exterior de si mesma. Em outras palavras, é não local, no mesmo sentido que os objetos quânticos são não locais.

É como um computador que roda com um software, em que a consciência seria o software e o corpo humano o hardware. Mas o software roda em qualquer computador, e não somente em um único e específico computador. É o que as pesquisas mostram por aí.[127]

Segundo o Dr. Stuart Hameroff, uma experiência de quase morte acontece quando a informação quântica que habita o sistema nervoso deixa o corpo e se dissipa no Universo. Ao contrário do que defendem os materialistas, Dr. Hameroff oferece uma explicação alternativa da consciência que pode, talvez, apelar para a mente científica racional e intuições pessoais.

Isso também pode explicar uma série de coisas que ainda não se sabia ou ninguém havia pensado a respeito antes.

São tantos mistérios que pairam sobre a consciência, que é necessário pensar como foi o início do Universo, ou algo que ainda não sabemos sobre o assunto. Por isso, muitas dúvidas pairam no ar. A Física Quântica talvez venha mostrar como tudo acontece, mas para isso ainda é necessário saber muitos detalhes que não foram explicados pela ciência até o momento.[128]

---

127. Fonte: http://despertarcoletivo.com/cientistas-acreditam-que-a-fisica-quantica-comprova-a-reencarnacao/
128. Fonte: http://despertarcoletivo.com/cientistas-acreditam-que-a-fisica-quantica-comprova-a-reencarnacao/

Consciência, ou pelo menos protoconsciência, é teorizada por eles para ser uma propriedade fundamental do Universo, presente até mesmo no primeiro momento durante o Big Bang. Em uma dessas experiências conscientes, comprovou-se que o protoesquema é uma propriedade básica da realidade física acessível a um processo quântico associado com atividade cerebral.

O processo quântico acabará explicando da melhor maneira a consciência e suas interações. Mas como essa física se tornou conhecida há apenas cem anos, os cientistas terão de caminhar lentamente a fim de encontrar respostas para tantas perguntas.[129]

Dr. Hameroff disse ao Canal Science no documentário *Wormhole*: "Vamos dizer que o coração pare de bater, o sangue pare de fluir e os microtúbulos percam seu estado quântico. A informação quântica dentro dos microtúbulos não é destruída, não pode ser destruída, ela só distribui e se dissipa com o Universo como um todo. Robert Lanza acrescenta aqui que não só existe em um único Universo, mas talvez, em vários Universos".

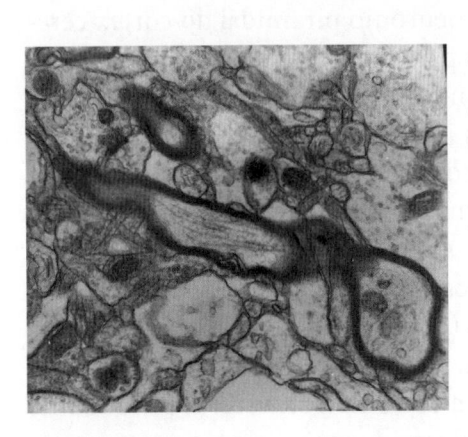

Indo além, em não apenas um Universo, para isso a Cosmolgia também precisa saber algo a mais sobre nós.

Imagem:[130] Axônio mielínico em corte oblíquo, com microtúbulos. Este axônio contém microtúbulos no axoplasma. Os microtúbulos são formados por polimerização da proteína tubulina e atuam no transporte axonal, servindo de trilhos para as proteínas motoras cinesina e dineína. Estas caminham ao longo dos

---

129. Fonte: http://despertarcoletivo.com/cientistas-acreditam-que-a-fisica-quantica-comprova-a-reencarnacao/
130. Fonte: http://anatpat.unicamp.br/bineucortexnlme.html

microtúbulos, transportando macromoléculas e até organelas, entre o corpo celular do neurônio e as extremidades de seus prolongamentos.

O funcionamento do cérebro, neurônios e microtúbulos. Nas menores formas de descobrir o que acontece dentro do microtúbulo na hora da morte, caso este for o passo correto sobre a explicação que estamos à procura de forma geral.

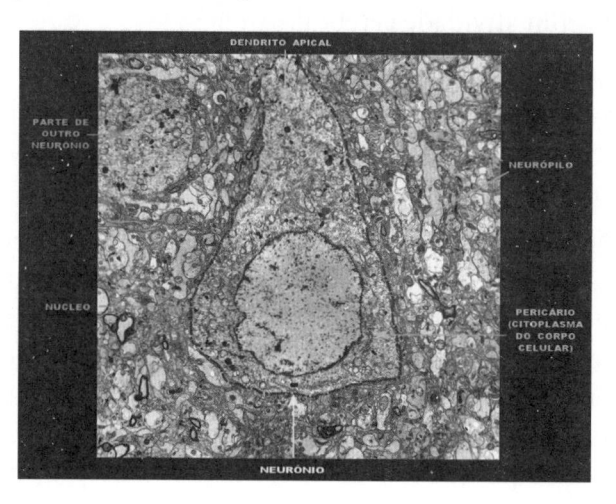

Imagem:[131] Neurônio. Um neurônio piramidal do córtex cerebral, com seu dendrito apical na parte superior da foto, circundado em toda volta por neurópilo. O núcleo é claro, com cromatina bem distribuída e finas condensações junto à membrana nuclear. O nucléolo não está neste plano de corte, mas pode ser visto em outra célula. O citoplasma tem limite nítido e é riquíssimo em organelas, detalhadas em outros campos. O neurópilo é constituído por prolongamentos intimamente imbricados das células do tecido nervoso, inclusive dos próprios neurônios (dendritos e axônios) e dos astrócitos, oligodendrócitos e micróglia.

Voltamos novamente para a ideia do software, explicando de maneira que possamos entender de modo mais simples, como exemplo daquilo que é uma das maiores hipóteses vistas até o momento pelos cientistas.[132]

---

131. Fonte: http://anatpat.unicamp.br/bineucortexnlme.html
132. Fonte: http://despertarcoletivo.com/cientistas-acreditam-que-a-fisica-quantica-comprova-a-reencarnacao/

Se o paciente é ressuscitado, essa informação quântica pode voltar para os microtúbulos e o paciente diz: "Eu tive uma experiência de quase morte", ele acrescenta: "Se ele não reviveu e o paciente morre, é possível que essa informação quântica possa existir fora do corpo talvez indefinidamente, como uma alma".

Vamos conciliando o que por muito tempo era tratado como forma de religião, mas agora a ciência está começando a perceber outros olhares, não vistos antes. A física clássica não conseguia perceber dessa forma, nem chegar a tal patamar.[133]

> A teoria energética equipara o homem ao elétron de um átomo, pois ocupa diferentes modos vibracionais que são chamados de órbita de saúde e doença e somente uma dose de energia sutil de frequência apropriada fará com que esse corpo passe para uma nova órbita assim como os elétrons que ocupam casulos de energia conhecidos como orbitais. Cada orbital apresenta características de energia e frequência, dependendo do tipo de átomo. A fim de que o elétron passe para o próximo orbital superior é preciso transmitir-lhe energia de uma determinada frequência, somente um quantum de energia exata fará com que o elétron salte para um orbital superior. A este salto dá-se o nome de princípio da ressonância.

Cada pessoa tem uma determinada frequência, inclusive que pode ser medida em Hertz. Os átomos são carregados com energia negativa ou mais positiva. Assim podemos ver mais ainda sobre o assunto sobre o que a neurociência já conseguiu explicar.[134]

> A neurociência demonstrou que correntes elétricas de baixa intensidade no cérebro causam efeito estimulante, as mesmas alterações comportamentais produzidas por substâncias químicas estimulantes. Uma corrente elétrica aplicada a leucócitos *in vitro* estimula sua regeneração celular, porém, se a intensidade dessa corrente for maior provocará a degeneração das células.

---

133. Fonte: http://www.webartigos.com/artigos/fisica-quantica-a-medicina-de-einstein/30320/
134. Fonte: http://www.webartigos.com/artigos/fisica-quantica-a-medicina-de-einstein/30320/

Tudo uma questão de reações, que ocorrem no organismo por correntes elétricas por meio do cérebro, que certamente são enviadas graças a estímulos que acontecem pelo pensamento e ações no dia a dia.[135]

A visão de Einstein entende o homem como uma rede de campos de energia em contato com o sistema físico e celular. Comprovado pela equação $E = mc^2$, onde E representa energia, m massa e c a velocidade da luz no vácuo. Então, toda matéria é energia; e matéria e energia são manifestações diferentes da mesma substância, que é a energia ou vibração básica da qual todo o ser é constituído. Essa rede energética da estrutura física/celular é sustentada por sistemas energéticos sutis que coordenam a interação entre a força vital e o corpo (as funções eletrofisiológicas, hormonais e a estrutura do corpo físico).

Então, Einstein percebeu e conseguiu explicar de forma simples o que acontece em nosso organismo com as células, neurônios, átomos, e que, na verdade, tudo é energia, basta mais estudo sobre o assunto, apenas isso.[136]

> A dualidade onda/partícula da matéria mostra que a estrutura física humana possui propriedades que possibilitam a construção de um novo modelo de corpo físico. Isto ocorre no nível das partículas, pois toda matéria é energia. Então, se o homem é matéria, também é energia. Com isso, pode-se afirmar que o homem é um ser de energia multidimensional.

É esse mistério que muitos cientistas estão por desvendar em suas pesquisas; o mundo holográfico já é cogitado há séculos. Agora, como esta energia multidimensional age em nosso corpo?

A diferença entre as matérias física e etérica é a frequência. Energias de frequências diferentes podem coexistir no mesmo espaço sem que se produza uma interação destrutiva ou que uma interfira com a outra. Isto porque a matriz energética do corpo etérico ou o molde holográfico do campo de energia está sobreposto à estrutura do corpo físico.

---

135. Fonte: http://www.webartigos.com/artigos/fisica-quantica-a-medicina-de-einstein/30320/
136. Fonte: http://www.webartigos.com/artigos/fisica-quantica-a-medicina-de-einstein/30320/

Bem definido em termos de ideias sobre a holografia, resta saber todo o processo em nossos corpos sutis referindo-se à energia que circula em nosso corpo.[137]

> O corpo etérico é um modelo holográfico de energia que orienta o crescimento e o desenvolvimento do corpo físico. Os hologramas são baseados em padrões de interferência de energia, suas partículas subatômicas, assim como os elétrons, são minúsculos representantes desse padrão de interferência, então, se os blocos de construção do universo físico são padrões de interferência de energia, eles podem apresentar propriedades holográficas. E se os padrões de interferência geram hologramas, então o princípio holográfico dirige interações em todo o Universo. Esse princípio holográfico é que organiza a estrutura e a informação contida no interior do corpo humano e que também está presente no padrão de ordem do cosmo, pois contém dados estruturais relativos a morfologia e função do organismo.

Se fazemos parte do Universo e este é composto por energia, e se há possibilidade de um modelo holográfico, há uma possibilidade de explicar como circunda esta energia em nosso redor o tempo todo.[138]

> A visão que caracterizou os séculos XVIII e XIX passa a ser questionada pela comunidade científica durante todo o século XX. As proposições de Einstein com a Teoria da Relatividade (1900) e o movimento da Física Quântica desencadearam uma nova revolução na ciência, especialmente focada na busca da recomposição das partes em um todo integrado. Esse movimento desafia o mundo científico, envolvendo investigações de físicos, químicos, biólogos, matemáticos e de profissionais das mais variadas áreas do conhecimento.

A maior revolução da ciência vista até hoje, a teoria quântica, modificou definitivamente a Física; o que parecia estar entendido, de repente, caiu por terra totalmente.

---
137. Fonte: http://www.webartigos.com/artigos/fisica-quantica-a-medicina-de-einstein/30320/
138. Fonte: http://www.webartigos.com/artigos/fisica-quantica-a-medicina-de-einstein/30320/

A ciência se movimentou e cientistas precisam trabalhar com incertezas, descobrir o mundo no mais pequeno e o que se esconde lá.[139]

Para investigar a natureza da consciência, faz-se necessário um paradigma científico mais amplo, que leve em consideração as múltiplas variáveis atuantes em nossa realidade, haja vista a realidade da consciência transcender o corpo biológico. Ela se manifesta não apenas por meio de um corpo físico, mas dispõe de um conjunto de diferentes corpos de manifestação (biológico, energético, astral ou emocional e mental), tais como: o princípio inteligente, alma, espírito, ego, personalidade e todos os seus atributos, fenômenos parapsíquicos, múltiplas vidas e as manifestações dentro e fora do corpo físico. Ou seja, a realidade vivenciada pela consciência não se limita apenas à dimensão intrafísica, mas se estende por múltiplas dimensões caracterizadas por diferentes padrões vibratórios de energia ou uma série de vidas sucessivas ao longo de seu processo evolutivo, vivenciando períodos alternados entre as dimensões intrafísica (material) e extrafísica.

O estudo da consciência é bastante amplo por causa de inúmeras variáveis a serem levadas em consideração.

Apesar das condições do corpo físico, ainda é necessário levar em consideração os pensamentos, as ações e interações do homem. E ainda entender a Física Quântica, como acontece este fenômeno em meio a tantas dúvidas e perguntas.

Medicina Quântica, ou *Quantum Medicine* (QM), é uma metodologia de médicos, que incorpora os efeitos terapêuticos dos diferentes campos eletromagnéticos, tais como: a radiação de pulso de laser, radiação infravermelha de banda larga, a luz vermelha visível e do campo magnético estático, a fim de transformar células vivas em um estado instável da doença em um estado estável e saudável.[140]

A Medicina avança em meio à ação do *laser*, transformando todo esse estudo que avançou e ampliou a cura por meio da Física Quântica.

---

139. Fonte: http://www.webartigos.com/artigos/fisica-quantica-a-medicina-de-einstein/30320/
140. Fonte: http://www.tratamentodadepressao.org/168-medicina-quantica/

Outras visões e olhares fizeram-se presentes em meio a descobertas que revolucionaram não somente as tecnologias, mas também áreas como Medicina, Biologia, Química e Matemática. Esta última serviu mesmo de base e comprovação científica, por meio de fórmulas constatando e comprovando efeitos e fenômenos.

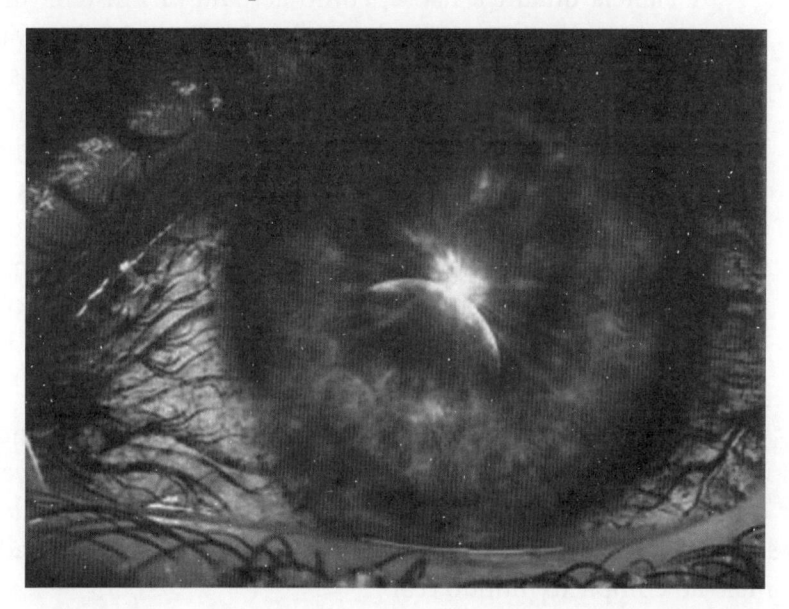

Imagem:[141] Do macro ao nanocosmos, interpenetrados e dependentes. As moléculas e suas interações no mundo físico, desvendando mistérios com respostas para perguntas antes não percebidas e a saúde em primeiro lugar sendo beneficiada, depois de séculos na escuridão.[142]

> Tudo isto é conseguido por processos químicos nas células que são sensíveis a biofótons. As moléculas nas células que respondem, chamadas cromosferas, são porfirina, enzimas com propriedades antioxidantes, citocromos mitocondriais e as moléculas de oxigênio. A sua resposta irá resultar na produção de energia renovável (ATP) e restauração de todas as funções celulares prejudicadas.

---
141. Fonte: http://www.ufo.com.br/noticias/a-emergencia-do-novo-paradigma-comunidade-planetaria-e-cosmica
142. Fonte: http://www.tratamentodadepressao.org/168-medicina-quantica/

Apesar de Einstein ter sido um dos maiores cientistas de toda a história da humanidade, ainda não percebia alguns detalhes importantes. Na verdade, a ciência é completa, o que ainda não se sabe é como funciona este mundo microscópico.[143]

> A ciência quântica não é, como acreditava Einstein, uma ciência incompleta, mas, de fato, uma ciência muito avançada, pois admite que em ciência de sistemas complexos só podem dar probabilidades para o comportamento das partes individuais. Os princípios da Física Quântica sobre os quais a medicina quântica se baseia permitem surpreendentes resultados na identificação de diagnósticos, em tratamentos e mesmo na prevenção de desequilíbrios físicos e emocionais. Outra terapia que ajuda no auxílio da libertação das emoções e que pode ser uma boa ajuda na cura da depressão é a EFT, sigla para Terapia de Libertação Emocional.

Depois da percepção e avanço da Física, ocorreram mudanças em meio ao estudo da consciência. Neurocientistas tentam desvendar o mistério da mente, dos pensamentos, das emoções e atitudes do ser humano. Realmente um mundo de escolhas e possibilidades em meio ao complexo mundo real.[144]

> De acordo com o Dr. Richard Gerber em seu livro *A Medicina Vibracional*, tem por base as modernas descobertas científicas a respeito da natureza energética dos átomos e moléculas que constituem o nosso corpo. Ainda segundo Gerber, a equação de Einstein ($E = mc^2$) proporciona a informação fundamental para a compreensão de que energia e matéria são uma coisa só. Assim como a luz, a matéria vibra em uma determinada frequência. Quanto maior for a vibração da matéria, menos densa ou mais sutil ela será. O comprimento da onda é inversamente proporcional à frequência.

---

143. Fonte: http://www.tratamentodadepressao.org/168-medicina-quantica/
144. Fonte: http://terapeutaquantico.blogspot.com.br/2010/04/fisica-quantica-conhecendo-terapia.html

Na fórmula, Einstein deu sua contribuição, assim como para toda a ciência, desvendando a complexidade da energia e as muitas fórmulas que são necessárias para explicar matematicamente o mundo impressionante da teoria quântica.[145]

> Há mais de 50 anos, existem evidências científicas comprovadas do uso da bioressonância para diagnóstico e tratamento, nos trabalhos do Dr. Royal Raimound Rife, com demonstração via biofísica, encontrada no livro *The Handbook of Rife Frequency Healing Holistic Technology for Cancer and Other Diseases*. Os padrões energéticos sutis de cada essência vibracional possuem uma determinada frequência e podem influenciar o indivíduo nos mais diversos níveis.

Não é tão nova assim a história das frequências, mas passo a passo avança-se nas influências da frequência magnética no corpo sutil, segundo pesquisador Pribam comprovou experimentalmente o modelo quântico-holográfico no cérebro.[146]

> A teoria quântico-holográfica ou holonômica de Pribram, hoje exaustivamente comprovada experimentalmente, demonstra a existência de um processo de tratamento quântico-holográfico da informação no córtex cerebral, denominado holograma neural multiplex, dependente dos neurônios de circuitos locais, que não apresentam fibras longas e não transmitem impulsos nervosos comuns. São neurônios que funcionam no modo ondulatório, e são sobretudo responsáveis pelas conexões horizontais das camadas do tecido neural, conexões nas quais padrões de interferência holograficoides podem ser construídos.

O modelo atualmente já descoberto inova e avança para conexões neurais e interferências.[147]

> Pribram descreveu uma equação de onda neural, resultante do funcionamento das redes neurais holográficas, similar

---

145. Fonte: http://terapeutaquantico.blogspot.com.br/2010/04/fisica-quantica-conhecendo-terapia.html
146. Fonte: http://www.fontevida.com.br/holografica.html
147. Fonte: http://www.fontevida.com.br/holografica.html

> à equação de onda de Schrödinger da teoria quântica. Esse holograma neural é construído pela interação dos campos eletromagnéticos dos neurônios, de modo similar ao que ocorre durante a interação das ondas sonoras no piano. Quando tocamos as teclas de um piano, estas repercutem nas cordas, provocando vibrações que se misturam, gerando um padrão de interferência.

O padrão de vibrações em campos neurais ganhou uma fórmula para calcular as interações pela equação de onda neural descrita por Pribam. Equações são necessárias para comprovar cientificamente os experimentos por meio de cálculos.

O cientista codificou holograficamente as redes neurais, explicando de certa maneira a consciência e suas interações, entre elas a memória.[148]

> A mistura das frequências sonoras é o que cria a harmonia, a música que ouvimos. Pribram demonstrou que um processo similar ocorre continuamente no córtex cerebral, por meio da interpenetração dos campos eletromagnéticos dos neurônios corticais adjacentes, gerando um campo harmônico de frequências eletromagnéticas. Este campo harmônico distribuído simultaneamente por todo o cérebro armazena e codifica holograficamente um vastíssimo campo de informação, e seria o responsável pela emergência da memória, da mente e da consciência no plano biológico.

As frequências eletromagnéticas são estudadas e entendidas no processo corpo-mente e átomos e moléculas. Os neurônios começam a ser desvendados e entendidos.[149]

> Pribram inferiu sobre a possibilidade do processamento informacional holográfico do Universo poder se interconectar ao processamento holográfico neuronal do córtex cerebral, mas não direcionou suas pesquisas por essa vertente. Estudos experimentais desenvolvidos por Pribram e outros pesquisadores como Hameroff, Penrose, Yassue, Jibu,

---
148. Fonte: http://www.fontevida.com.br/holografica.html
149. Fonte: http://www.fontevida.com.br/holografica.html

revelaram a existência de uma dinâmica cerebral quântica, uma mente quântica ao nível dos microtúbulos neurais, das sinapses e do líquor, e a possibilidade de formação de condensados Bose-Einstein e ocorrência do Efeito Fröhlich.

Condensados Bose-Einstein estão no rol da pesquisa e a possibilidade de explicar a consciência por meio do efeito Fröhlich.

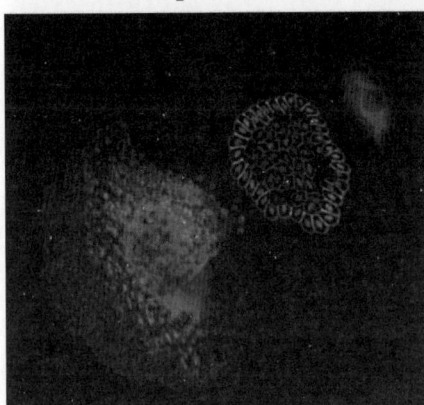

Imagem:[150] Uma simples célula, pode ser vislumbrada como uma entidade individual. No entanto, é incomensuravelmente maior que isso.

[151]Estes condensados consistem de partículas atômicas, ou moléculas biológicas (no caso do Efeito Fröhlich), que assumem um elevado grau de alinhamento, funcionando como um estado altamente unificado e ordenado, tal qual nos *lasers* e a supercondutividade. Vislumbrando essa possibilidade de conexão entre o cérebro e o Universo, propusemos que os padrões quânticos e as redes neurais holográficas do cérebro são parte ativa do campo quântico-holográfico do Universo, e que essa interconexão informacional é simultaneamente local (mecanicística-newtoniana), e não local (holística-quântico-holográfica), e a denominamos holoinformacional.

Assim se vai desvendando o que ainda não se sabe à medida que a Matemática, a Física e os neurocientistas vão trabalhando em experimentos.[152]

Condensados Bose-Einstein de tipo Fröhlich, os bósons se sobrepõem totalmente, formando um campo permanente de unidade. Essa unidade relacionada é holística, está em contato com o meio, recebe todo tipo de informações e as

---

150. Fonte: http://www.ufo.com.br/noticias/a-emergencia-do-novo-paradigma-comunidade-planetaria-e-cosmica
151. Fonte: http://www.fontevida.com.br/holografica.html
152. Fonte: http://www.ufo.com.br/noticias/a-emergencia-do-novo-paradigma-comunidade-planetaria-e-cosmica

ordena em sua unidade básica. É o surgimento da consciência humana. Einstein comprovou que massa e energia são conversíveis. A energia pode virar matéria e a matéria pode virar energia. Fröhlich identificou as vibrações da consciência humana nos neurônios há mais de 20 anos.

Então, vamos em frente para ver se aprendemos e concluímos mais uma parte desse processo.[153]

"Sistema Prigogine do tipo Fröhlich, os sistemas vivos são abertos, tomam matéria desestruturada do meio, estabelecem com ela uma dialogação e, pela capacidade auto-organizadora própria de todos seres vivos, cria-se uma ordem nova mais alta."

São duas formas de pensar uma um pouco diferente da outra, o tempo dirá qual das duas é a mais correta.[154]

A não localidade quântica permite uma interconexão instantânea entre o cérebro e o cosmos. Considerando ainda a propriedade matemática básica dos sistemas holográficos, de cada parte do sistema conter a informação do todo, os dados matemáticos da Física Quântica de Bohm, e os dados experimentais da teoria holográfica de Pribram, propusemos, além disso, que essa interatividade universal nos permitiria acessar toda a informação existente nos padrões de interferência de ondas existentes no Universo, desde sua origem, pois a natureza holográfica do Universo, permitiria que cada parte, cada cérebro-consciência, contivesse a informação do todo.

Tendo por base o entendimento pela não localidade do sistema quântico explicando a consciência.

---

153. Fonte: http://www.ufo.com.br/noticias/a-emergencia-do-novo-paradigma-comunidade-planetaria-e-cosmica
154. Fonte: http://www.fontevida.com.br/holografica.html

Conclusão

Pesquisas avançam para resolver a questão da consciência, muitos avanços já estão sendo realizados. Condensados de Bose-Einstein, efeito Fröhlich, holografia, neurônios, sinapses, microtúbulos, não localidade vão sendo o alvo principal dos estudos com sucesso.

Referências

JIBU, M.; HAGAN, S.; HAMEROFF, S.R.; PRIBRAM, K. H. YASUE, K. (1994) "Quantum optical coherence in cytoskeletal microtubules: implications for brain function". Biosystems 32, 195-209.

NOGALES, E.; WHITTAKER, M.; MILLIGAN, R. A.; DOWNING, K. H. (1999), High-resolution model of the microtubule, Cell 96: 79-88.

PRIBRAM, K. (1981) "Behaviorism, phenomenology, and holism in psychology, in The metaphors of consciousness (Valle, R. and Von Eckartsber, R., eds.)", Plenum, New York.

PRIBRAM, K. (1982) "What the fuss is all about, in The holographic paradigm and other paradoxes" (Wilber, K., ed.), Shambala, London.

SCHIEBEL, E. (2000) "Tubulin complexes: binding to the centrosome, regulation and microtubule nucleation". Curr Opin Cell Biol 12: 113-118.

Emoções e Física Quântica

A teoria da emoções iniciou com o cientista William James, que se dedicou a entender melhor a consciência.
Em meio a explicações, por um longo período de tempo achava-se que emoção e sentimento eram a mesma coisa, mas, na verdade, não são. A emoção é um conjunto de pensamento mais sentimento.[155]

> A emoção é a representação mais básica que conhecemos de um processo inteligente não consciente, ou seja, que usa o processo primário e pertence a um reino em que não existe o eu sou, nem lá, nem quando, nem como, nem se... Uma compreensão sem palavras, prévia ao pensamento lógico, um sentir inteligente.

É isso mesmo: um sentir inteligente; mas este sentir pode ser tanto negativo como positivo. Temos a possibilidade de escolher o que sentimos, a emoção acontecerá com o pensamento sendo moldado e sentir concomitantemente.[156]

> Os seres humanos, contudo, são também habitados pela imaginação. Ela rompe as barreiras do cotidiano e busca o novo. A imaginação é, por essência, fecunda; é o reino do poético, das probabilidades de si infinitas (de natureza quântica). Imaginamos nova vida, nova casa, novo trabalho, novos prazeres, novos relacionamentos, novo amor. A imaginação produz a crise existencial e o caos na ordem cotidiana.

---

155. Fonte: http://www.ebah.com.br/content/ABAAAASS0AL/a-logica-emocao-psicanalise-a-fisica-quantica
156. Fonte: http://despertarcoletivo.com/em-nos-estao-todas-as-memorias-do-universo/

Mudanças são necessárias para experimentarmos o novo, o diferente, o nunca visto antes. Não que tenha de ser tudo novo, mas correr atrás de novos objetivos é como se fosse procurar em novas portas outras oportunidades. Imaginar e correr atrás de algo que seja novo, diferente e desafiador. Saber usar com inteligência o que nos é proporcionado ao longo do tempo em nosso meio social e familiar.[157]

> É da sabedoria de cada um articular o cotidiano com o imaginário, o prosaico com o poético e retrabalhar a desordem e a ordem. Se alguém se entrega só ao imaginário pode estar fazendo uma viagem, voa pelas nuvens esquecido da Terra e pode acabar em uma clínica psiquiátrica. Pode também negar a força sedutora do imaginário, sacralizar o cotidiano e sepultar-se, vivo, dentro dele. Então se mostra pesado, desinteressante e frustrado. Rompe com a lógica do movimento universal.

São questões profundas, a emoção pode levar para o fundo do túnel, assim como também pode levar para as maiores alegrias, basta cuidar dos pensamentos e sentimentos no dia a dia.

Imaginar algo rompe com o conhecido ou a ordem e pode se tornar uma desordem completamente, podemos mudar a vida para melhor ou para pior, depende de nós.

Imagem:[158] Com a nova ciência, baseada na Física Quântica, entendemos diferente. As emoções são representações físicas do sentimentos. Os sentimentos estão em uma esfera transcendente e organizados funcionalmente em um corpo sutil que denominamos corpo vital, e entendemos que o movimento da energia vital é que cria uma representação física, as moléculas da emoção,

---
157. Fonte: http://despertarcoletivo.com/em-nos-estao-todas-as-memorias-do-universo/
158. Fonte: http://ativismoquantico.com/2012/06/biologia-dos-sentimentos/

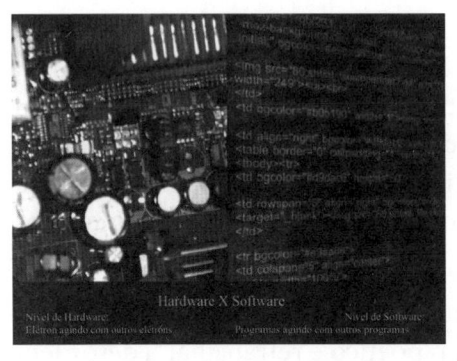

para justamente traduzir a informação, do movimento sutil da energia vital, para o corpo físico.

A emoção tem como representação física, sentir, pensar, organizar tudo o tempo todo. Escolher qual o pensamento que queremos ter, qual o sentimento, são escolhas que vivenciamos o tempo todo.

Imagem:[159] Fazendo uma analogia entre hardware e software de um computador perguntaríamos: o que o hardware (estrutura física) sabe do software (programa)? Diríamos que não sabe nada. Como o movimento de elétrons da estrutura física pode conhecer alguma coisa do programa contido no software? É a mesma analogia que devemos fazer conosco. O que as moléculas da emoção sabem das contingências da vida? Do meu ciúme? Da minha raiva? Do meu amor? Absolutamente nada. Elas são representações físicas do sutil, assim como o hardware é a representação física que permite o funcionamento daquilo que foi programado no software.

A comparação do corpo humano e consciência e emoção é muito parecida com hardware e software. Um exemplo simples de compreender como funciona a emoção em nosso corpo. Fácil de entender como o software roda no hardware.[160]

> Esses princípios trazem um senso maior de responsabilidade, pois agora os sentimentos não são mais subprodutos dos movimentos moleculares, não há um determinismo; sim, liberdade de escolha, há, sim, livre-arbítrio. Então, dessa maneira, pode-se diferenciar uma emoção negativa de uma emoção positiva e ver a importância desse fato para a saúde de cada um de nós.

Mas para perceber isso é necessário estar alerta o tempo todo. Porque emoções mudam conforme acontecimentos ocorrem ao nosso redor. É necessário estar atento, vigiando-se o tempo todo.

---
159. Fonte: http://ativismoquantico.com/2012/06/biologia-dos-sentimentos/
160. Fonte: http://ativismoquantico.com/2012/06/biologia-dos-sentimentos/

Confusões na família, no trabalho ou meio social sempre ocorrem, podendo mudar o humor e os sentimentos. A escolha é nossa de como queremos sentir e o peso que colocamos nisso. Sentimentos negativos sempre ocorrem por mais que se mantenha o humor em alta.[161]

> Emoção seria a representação física, a ação no mundo manifesto, carregado de sentimento e mais o teor do pensamento. Assim, sentir raiva deve ser entendido apenas como uma informação do movimento da energia vital que fará soar um acorde específico a nível molecular aumentando a frequência cardíaca, dilatando a pupila, contraindo o baço, aumentando a frequência respiratória, dentre outros efeitos, e junto a isso vem o valor que fazemos dessa informação.

Esta frequência atualmente pode ser medida em Hertz em nosso organismo com aparelhos específicos.

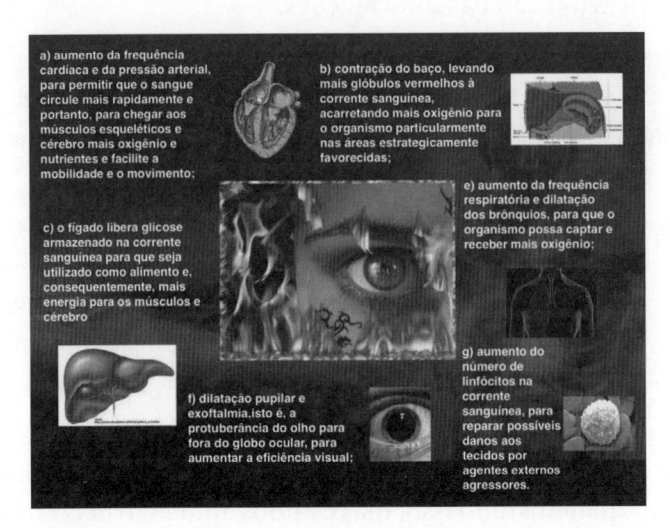

a) aumento da frequência cardíaca e da pressão arterial, para permitir que o sangue circule mais rapidamente e portanto, para chegar aos músculos esqueléticos e cérebro mais oxigênio e nutrientes e facilite a mobilidade e o movimento;

b) contração do baço, levando mais glóbulos vermelhos à corrente sanguínea, acarretando mais oxigênio para o organismo particularmente nas áreas estrategicamente favorecidas;

c) o fígado libera glicose armazenado na corrente sanguínea para que seja utilizado como alimento e, consequentemente, mais energia para os músculos e cérebro

e) aumento da frequência respiratória e dilatação dos brônquios, para que o organismo possa captar e receber mais oxigênio;

f) dilatação pupilar e exoftalmia, isto é, a protuberância do olho para fora do globo ocular, para aumentar a eficiência visual;

g) aumento do número de linfócitos na corrente sanguínea, para reparar possíveis danos aos tecidos por agentes externos agressores.

Imagem:[162] Emoção = Sentimento + pensamento. Daí a importância da educação de nossos sentimentos. Cabe lembrar aqui que não há necessidade de reprimirmos esses sentimentos, aceite-os e eduque-os que a sensação de liberdade aumentará e não correremos o risco de criar ou aumentar nossas sombras. O trabalho é justamente

---

161. Fonte: http://ativismoquantico.com/2012/06/biologia-dos-sentimentos/
162. Fonte: http://ativismoquantico.com/2012/06/biologia-dos-sentimentos/

o inverso, isto é, o de identificarmos as nossas projeções e aceitá-las antes que elas tomem conta de nós.

A educação de hábitos torna-se necessária para que os sentimentos não acabem sendo de derrota. Educar os sentimentos para melhorá-los é uma tarefa diária e constante para que sombras não aflorem, temos escolhas para fazer em termos de ações, sentir e pensar. Todo cuidado é pouco para cada um, porque cada ação gera uma reação. Caso eu me atire de um precipício o inevitável acontece, não tem como ser diferente.[163]

> O cérebro límbico possui uma quantidade enorme de receptores e neurotransmissores, estão repletos de moléculas da emoção, pois há a necessidade de comando das ações, de onde advém a importância do cérebro como grande centro nodal que centraliza as ações tanto na recepção quanto na distribuição das informações.

Para isso, neurocientistas descobrem o real funcionamento do cérebro e suas regiões. Os neurotransmissores, assim como as sinapses que transmitem informações, são os que comandam o funcionamento.[164]

> A neurociência deseja ardentemente palpar a energia psíquica, desvendá-la, sem que isso tenha sido possível até aqui. Diferentes níveis energéticos, a cada um correspondendo uma densidade diversa. Nossa mente pode ser capaz de variar seu nível de percepção em função da densidade e de características do seu potencial energético total.

Os neurocientistas e os físicos tentam explicar da melhor maneira o que descobriram até agora. A Física Quântica veio para explicar da melhor maneira tudo isso; mas estudos ainda são necessários para desvendar cada vez mais pedacinhos desse incrível pensar e agir do ser humano.[165]

---

163. Fonte: http://ativismoquantico.com/2012/06/biologia-dos-sentimentos/
164. Fonte: http://www.ebah.com.br/content/ABAAAASS0AL/a-logica-emocao-psicanalise-a-fisica-quantica
165. Fonte: http://www.ebah.com.br/content/ABAAAASS0AL/a-logica-emocao-psicanalise-a-fisica-quantica

Assim sendo, fui obrigada a admitir que nossa mente é um sistema de energia que se liga tanto ao exterior, pelos cinco sentidos, quanto ao interior, por meio da emoção e da memória. Os cinco sentidos que conhecemos dizem respeito à captação dos fenômenos físicos relativos à densidade que os constitui biologicamente. É um corpo que convive com estímulos energéticos provenientes de outros corpos, vivos e inanimados.

Essa influência ainda precisa de muito estudo pelo fato de que somos energia e interagimos energeticamente com o meio em que vivemos. Interagimos com o exterior, não somente com nós mesmos.[166]

A influência de uma mente sobre outra pode ocorrer e está presente nos fenômenos ditos telepáticos. Diríamos que nosso aparelho receptor, além de imagens externas e internas, capta outras, geradas em um psiquismo alheio, pela empatia. Isso tudo se dará em um nível de fenômenos energéticos recém-começados a desvendar. Digo que a emoção é a forma básica de energia mental do homem e aquela que maior amplitude apresenta na distribuição de suas partículas subatômicas, tanto que não a detectamos, pois estamos procurando em uma proximidade excessiva. Penso que foi ela quem nos deu esse privilegiado avanço de inteligência e que, é também ela quem nos pode conectar uns aos outros por meio do que denomino interpenetração de campos psíquicos.

Vamos continuar experimentando, estudando, mudando paradigmas, descobrindo o novo, a forma como o Universo interage, e assim vamos descobrir como acontece nossa comunicação com o mundo e suas interações.[167]

Coloquei a emoção na qualidade energética de um sentido, pois tal como os demais, caracteriza um sistema. Sentido

---

166. Fonte: http://www.ebah.com.br/content/ABAAAASS0AL/a-logica-emocao-psicanalise-a-fisica-quantica
167. Fonte: http://www.ebah.com.br/content/ABAAAASS0AL/a-logica-emocao-psicanalise-a-fisica-quantica

> que é especialmente desenvolvido no homem e que o torna uma inteligência criativa dada a amplitude da sua via qualitativa. O sistema todo é infinito, só as vias de percepção interna são incontáveis: as da emoção, as somáticas, as de percepção externa e todas elas interligadas em todas as possibilidades, como as combinações numéricas, constroem um sistema que a racionalidade não alcança. É necessária uma compreensão em nível inconsciente, um evento inteligente que não pertence à consciência e ao processo secundário. Uma forma de compreensão que se dê por vias diferentes daquelas usadas no raciocínio lógico.

A compreensão do inconsciente e do consciente são as variáveis que mais pesam para entender o raciocínio lógico do homem. A emoção comanda o todo.[168]

> Finalmente, ficamos inclinados a pensar que as razões da ética situam-se no campo da Física e do fenômeno físico emoção. A razão última de agirmos eticamente é o fato de termos emoções, e elas poderem se propagar na forma de energia, atingindo as associações humanas de forma crescente, até a humanidade como um todo. Estou usando a teoria de campos de Michael Faraday e James Clarck Maxwell, e a prova matemática conhecida por teorema de Bell, para inspirar minhas hipóteses. Trata-se de influência de uma força sobre outra, dentro do estudo do eletromagnetismo e do fenômeno denominado coerência supraliminar.

Cientistas ao longo do tempo se dedicaram ao conhecimento sobre as emoções baseando-se na Matemática, que comprova por meio de fórmulas.[169]

> A emoção é a consciência diferenciada do homem. É ela quem ativa o sistema? Um cérebro pode existir até mesmo dissociado de um corpo, em um laboratório, mas uma

---

168. Fonte: http://www.ebah.com.br/content/ABAAAASS0AL/a-logica-emocao-psicanalise-a-fisica-quantica
169. Fonte: http://www.ebah.com.br/content/ABAAAASS0AL/a-logica-emocao-psicanalise-a-fisica-quantica

> consciência envolve reconhecer-se como um ser e também perceber a existência de outros. Essa consciência só se desenvolve a partir da emoção. Só quando sente que se relaciona com outros seres humanos e por eles desenvolve afetos, alguém passa a existir como consciência; antes disso existe apenas a vida animal. O cérebro, nesse caso, é capaz de manter o corpo funcionando e de ter algumas reações instintivas básicas, mas só a partir do desenvolvimento do amplo e especial sentido que é a emoção, a consciência pode despertar do biológico.

O desenvolvimento da consciência por meio da emoção explica de maneira clara toda ordem e desordem do ser humano. A consciência inclusive pode existir dissociada do corpo, assim como o software roda num hardware.[170]

> A evolução do conhecimento faz com que vivamos um dia sempre novo, em que há sempre algo acontecendo. Este mundo agitado está sempre mudando a uma velocidade maior do que somos capazes de acompanhar. Em nossa essência mais profunda, somos os mesmos, nem todas as modificações foram assimiladas pela mente nem o corpo. As impossibilidades constituem aquilo que resulta na patologia da atualidade. É inevitável que o senso de identidade fique perturbado neste redemoinho, no torvelinho das mudanças, da hiperinformação, da superexigência, dos mega qualquer coisa e da escassez afetiva e de segurança. O senso de identidade fundamenta o ser; qualquer geração que houvesse passado por tão bruscas mudanças como as últimas teria sérios abalos em sua saúde física e mental.

Tudo muda o tempo todo, várias possibilidades estão à nossa volta, temos escolhas por fazer e assim surge o novo; nada está pronto, como se acreditou por um longo período de tempo.

---

170. Fonte: http://www.ebah.com.br/content/ABAAAASS0AL/a-logica-emocao-psicanalise-a-fisica-quantica

As tecnologias avançaram por causa da Física Quântica, e com isso foi possível fazer ressonância magnética e rastrear o cérebro.[171]

> A medicina dita primitiva usa o método de acessar o inconsciente para diagnosticar e tratar seus doentes. Não desconhece o poder da fantasia sobre a saúde nem a toxicidade de um psiquismo em desordem. Assim os curadores antigos são instruídos e preparados para uma tarefa perigosa, para a qual utilizam-se de rituais. Estes nada mais são que traduções simbólicas, linguagem metafórica, tal como ocorre no que denominamos inconsciente. Esta prática considera o grupo e não apenas o paciente para fins de tratamento, o que revela conhecimento sobre a dispersão da energia psíquica sob forma de fantasia inconsciente, resultando na interpretação de campos psíquicos e suas potencialidades.

Uma forma antiga de lidar com psiquismo que pode ser perigoso. Levando-se em consideração um grupo e pode haver uma desordem, pelo fato de não ser levado somente em consideração o indivíduo, a medicina primitiva. Por meio de rituais, acontecem as chances de cura, atualmente ainda temos alguns grupos que atuam assim, um deles é o dos índios.

Conhecer a si mesmo é uma tarefa difícil, um histórico e história da humanidade para conhecer-se e para entender como o ser humano, age, pensa e sente.

Conhecer-se requer disciplina e mudança de hábitos para não cair em tentações que trazem dificuldades futuras. Planejar o novo e policiar-se é necessário.[172]

> Não há caminhos fáceis para o homem quando se trata de conhecer a si mesmo, pois há muitas imagens violentas e desagregadoras vividas com a qualidade sensitiva do real quando são conectadas, que jazem em nosso universo interior. Por isso mesmo se postula terapêutico um aprendizado de modificação de clichês, ratificando o que há de saudável

---

171. Fonte: http://www.ebah.com.br/content/ABAAAASS0AL/a-logica-emocao-psicanalise-a-fisica-quantica
172. Fonte: http://www.ebah.com.br/content/ABAAAASS0AL/a-logica-emocao-psicanalise-a-fisica-quantica

em nós e reduzindo a força daquilo que, pertencendo a nós mesmos, pode nos aniquilar. Existem muitos caminhos de autoconhecimento; em geral, conhecemos melhor aqueles vindos da sabedoria oriental.

Se realmente vivemos em conexão, então interações exteriores acontecem também, não é considerado somente o nosso agir e pensar, mas também o meio em que vivemos.[173]

> Quem está doente pede ajuda a alguém e a ciência deixou muito espaço em branco quando tratou de tornar-se exata, fria e matemática. O sentimento básico de quem está doente é o desamparo, e qualquer um que ofereça alívio para isso será ouvido. Acredito que a Medicina esteja diante de tão fortes evidências de suas lacunas na forma de tratar a alma de seus pacientes, que precisará mudar. Quem fala de saúde, fala de qualidade de vida. Infelizmente, não a temos em um nível tão abrangente nem podemos estender a uma parcela maior da população os benefícios conquistados pela inteligência da espécie.

A ciência caminha a passos lentos sim, mas foram desvios de paradigmas e entendimentos errados feitos pela ciência.

Mas novas descobertas feitas por neurocientistas vão ao alcance da saúde mental. Talvez tenha faltado pesquisa na área e pessoas que se dedicassem ao assunto mais profundamente, e isso não aconteceu. Talvez, se tivesse sido investida mesma quantia de dinheiro para pesquisa em saúde da mente como foram investidos para as tecnologias estaríamos alguns passos à frente, mas isso não aconteceu.

Pessoas interessadas no assunto também são necessárias. Estudar como o ser humano pensa e age está relacionado a psicólogos, neurocientistas, médicos, mas físicos e matemáticos também são necessários para completar o conjunto.[174]

---

173. Fonte: http://www.ebah.com.br/content/ABAAAASS0AL/a-logica-emocao-psicanalise-a-fisica-quantica
174. Fonte: http://www.ebah.com.br/content/ABAAAASS0AL/a-logica-emocao-psicanalise-a-fisica-quantica

A prática médica é uma fascinante mistura de ciência e arte, e nenhum desses aspectos pode ser negligenciado. Há muito de arte em tratar o homem, pois há muito de fantasia, estética e sensibilidade nele. É uma figura gigantesca, cheia de nuances e de possibilidades. Muitos são seus caminhos internos e seus desvios; suas luzes e sombras se refletem sobre seu corpo, seu comportamento, sua capacidade, sua energia. Alguém, para tratar de outro, precisa conhecer um oceano e pretender entendê-lo, ouvir a voz dele, saber de que ele precisa, que males o afligem, e para isso a objetividade não basta; é necessário lançar mão de algo mais. Claro está que algumas doenças guardam mais que outras a relação íntima com a alma, mas todos os pacientes que vemos têm uma história pessoal, eventos de emoção e fantasias poderosas.

Assim, para tratar do outro é necessário um vasto conhecimento, levando em consideração a emoção. Sentimentos afloram em cada um.

Temos uma carga de fantasias que são herdadas e às quais se ajuntam as que são adquiridas nas vivências posteriores, sobretudo nas infantis, enquanto ainda somos mais moldáveis, uma certa permeabilidade, no entanto, existe ao longo de toda a vida. Se assim não fosse, não existiria o tratamento capaz de retificar essas fantasias quando produzem doença, usando a plasticidade da alma humana e a capacidade de amar.

Ao longo do tempo vamos adquirindo hábitos e vivências que são observadas e registradas em nosso corpo.

Registros são realizados e computados, e quando acontece algo semelhante aquela situação acessou novamente aquele registro da mente.

Lembrando aqui novamente Freud, quando diz que estamos fadados a cair enfermos sempre que, por razões internas ou externas, estamos impedidos de amar. A fantasia que mais frequentemente mobiliza a tenacidade, a vibração, a confiança e a vontade de estar vivo é a fantasia amorosa. Seja por alguém ou algo, é ela o motor da criação e do equilíbrio interno humano e, por conseguinte, do externo.

Somos movidos por emoções provenientes de todos os lados. Sentimentos negativos acabam gerando doenças; a frequência que estamos tendo gira externamente e internamente. Vibramos como um todo.[175]

> O quanto as fantasias pedem das fantasias correspondentes é indicado em um tratamento psicológico, e muito provavelmente benéfico. Quando a questão seja agir sobre um mal físico, mobilizar a saúde e a enfermidade é algo difícil de mensurar, passa mais por convicção do que por dados estatísticos, ou exames laboratoriais e de imagem. Não há imagens confiáveis da emoção nem como compará-la em seus diversos momentos com o desenvolvimento de um processo patológico ou sua cura. Estes são dados que faltam à Medicina. Há casos dramáticos de limite, quando a Medicina desiste dos pacientes e eles não desistiram de viver.

A Medicina tenta de todas as maneiras elucidar a emoção e criar imagens para ela, mas ainda não é possível fazer isso. Isso quer dizer que ainda é necessário muito estudo para compreender o desenvolvimento da emoção do ser humano.[176]

> Médicos, quando perdemos nossas fantasias de poder curar estamos mortos para essa profissão! Isto me parece muito importante. Podermos manter nossas fantasias mais saudáveis, que envolvem a capacidade de vencer circunstâncias desfavoráveis e de persistir a uma direção de êxito é a forma como podemos trabalhar. Sempre dizendo que fantasia é algo mais profundo que devaneio, não é fugir da realidade, é a nossa realidade interna. Quando digo fantasias de poder curar não me refiro a alguém que se atribua poderes indevidos, refiro-me a uma capacidade de insistir em algo pela vida. Algumas vezes a desesperança contida nas fantasias do paciente nos contamina. Podemos sentir simplesmente como algo nosso, pensar que tem a ver com as nossas vidas,

---

175. Fonte: http://www.ebah.com.br/content/ABAAAASS0AL/a-logica-emocao-psicanalise-a-fisica-quantica
176. Fonte: http://www.ebah.com.br/content/ABAAAASS0AL/a-logica-emocao-psicanalise-a-fisica-quantica

e nossas crenças mais profundas podem contaminar-se nesse contato com a doença.

A emoção do homem pode ser tão forte que às vezes pode até contagiar de certa maneira pessoas que estão ao seu redor e convívio. Então, entra a questão do exterior vibrando. Envolver-se de certa maneira com alguém é como pegar a mesma energia, e isso interage de alguma forma. A Física Quântica avança, mas certas questões ainda permanecem em aberto, como as imagens das emoções.[177]

> De maneira ampla, podemos dizer que a Física Quântica é a ciência das possibilidades. Quando você toma contato com seus princípios, fica atento às possibilidades que existem à sua volta e também às escolhas que essas possibilidades oferecem. As pessoas tornam-se, então, livres para ser criativas com sua vida. Também passam a acreditar que podem promover mudanças em seu destino.

Isto é fantástico, mas muitos não fazem escolhas diferentes e buscam o novo pelo medo da mudança, pois tudo que é novo é desconhecido.[178]

"O *Segredo* tem o mérito de falar sobre a importância da intenção para materializar o que se deseja. Essa consciência é importante. Mas o filme peca pelo materialismo. Diz para você usar a intenção para ter um grande carro, para ganhar muito dinheiro. Não é essa a mensagem."

A verdadeira mensagem da vida é harmonizar com o mundo, contribuindo para o bem-estar de todos, fazendo boas escolhas.[179]

> Esse poder vem de um truque. Quando as pessoas entendem que há possibilidades, deixam de ser prisioneiras das circunstâncias. Também param de tentar exercer o que chamam de controle da situação. Não definem as coisas antes dos acontecimentos. Deixam-se levar pelos acontecimentos para, só então, fazer suas escolhas. A partir desse momento, elas conquistam o verdadeiro controle sobre sua vida, porque estão fazendo escolhas, e não tentando se impor.

---

177. Fonte: http://revistaepoca.globo.com/Revista/Epoca/0,,EDR78766-6014,00.html
178. Fonte: http://revistaepoca.globo.com/Revista/Epoca/0,,EDR78766-6014,00.html
179. Fonte: http://revistaepoca.globo.com/Revista/Epoca/0,,EDR78766-6014,00.html

Escolhas feitas no decorrer do tempo, lutando a cada dia para dar o melhor de si, quando é feito o possível, o impossível acontece, passo a passo. Controlando emoções, ações, pensamentos, sentimentos.

Interagimos conosco e com os outros, somos conexão.[180]

"É a percepção de que tudo está interconectado. Que as coisas se relacionam entre si o tempo inteiro e que todos fazem parte desse mesmo todo e interagem o tempo inteiro."

Assim já não somos mais completamente individuais, somos energia, e quando isto acontece se dá a troca de energia de uma pessoa para com a outra e objetos que estão ao nosso redor.[181]

"A ciência prova que a consciência está interconectada. Também está provado que há uma evolução da consciência. Também está provado que essas energias influenciam muito em nossos sentimentos."

Assim se fez o avanço da ciência. Muitos cientistas não estavam satisfeitos com a teoria clássica, que explicava de forma pouco clara a interação do ser humano com o Universo.[182]

"O capitalismo desenvolvido por Adam Smith é um sistema econômico maravilhoso. Mas tem defeitos. A teoria clássica só considera o material como variável e prevê que o capitalismo estará sempre em expansão. Isso não é sustentável em longo prazo. O problema da teoria clássica é que nós não somos apenas material. Nós também somos aquilo que sentimos, somos os mapas mentais daquilo que pensamos, seus significados, e ainda somos também o intelecto."

Pensamentos e sentimentos afetam um ao outro. Assim o complexo acontece por meio de energia ligada de um para o outro.[183]

"Adam Smith ignorou isso por achar que essas qualidades não eram mensuráveis. Quando introduzimos esses fatores, as energias, os pensamentos, na equação econômica, nós percebemos que ela se fecha."

Conclusão

Assim, a Física Quântica acabou explicando da melhor maneira a interação e a emoção dos seres humanos.

---

180. Fonte: http://revistaepoca.globo.com/Revista/Epoca/0,,EDR78766-6014,00.html
181. Fonte: http://revistaepoca.globo.com/Revista/Epoca/0,,EDR78766-6014,00.html
182. Fonte: http://revistaepoca.globo.com/Revista/Epoca/0,,EDR78766-6014,00.html
183. Fonte: http://revistaepoca.globo.com/Revista/Epoca/0,,EDR78766-6014,00.html

Referências

BELL, J. (1987) *Speakable an Unspeakable in Quantum Mechanics.* Cambridge Univ. Press.

DRAKE, R. A. MYERS, L. R. (2006). "Visual attention, emotion, and action tendency: Feeling active or passive. Cognition and Emotion", 20, 608-622.

FREITAS-MAGALHÃES, A. (2007). *A Psicologia das Emoções: O Fascínio do Rosto Humano.* Porto: Edições Universidade Fernando Pessoa. ISBN 972-8830-84-7 – ISBN 978-989-643-031-3 (2ª ed., 2009).

JAMES, W. *"What's an emotion?"* Mind, 9: 188-205, 1884.

WACKER, J.; CHAVANON, M.-L.; LEUE, A.; STEMMLER, G. (2008). "Is running away right? The behavioral activation–behavioral inhibition model of anterior asymmetry". Emotion, 8, 232-249.

WIGNER, E. P. "Invariance in Physical Theory" [1949], in: Wigner, *E. P. Philosophical Reflections and Syntheses, Springer*, NY, 1995, p. 283-293.

10

Energia

A energia é quem comanda tudo. Somos feitos de energia, e como Albert Einstein já dizia, energia é tudo que existe.[184]

Então, a matéria sólida tridimensional não tem muita liberdade. Mas o fato de que a matéria existe não é problema. O Universo material nada mais é do que uma forma muito densa de energia. Tudo que existe nele, desde os reinos mais sutis e clarificados de estruturas energéticas até os reinos mais densos de matéria está alinhado a um campo de energia.

Não tem como ser diferente. Somos movidos a energia.[185]

"Não há lugar neste novo tipo de Física, tanto para o Campo quanto para a Matéria, pois o Campo é a única Realidade. Albert Einstein."

---

184. Fonte: http://www.yogachikung.com.br/energia-das-formas/fisica-quantica/fisica-quantica-e-multidimension
185. Fonte: http://www.yogachikung.com.br/energia-das-formas/fisica-quantica/fisica-quantica-e-multidimension

Imagem:[186] Seja ou não a Teoria das Cordas a teoria correta de tudo, o fato que permanece é o de que a matemática envolvida nesta teoria aponta para a existência de dimensões da realidade, ou consciência, que estão além do nosso mundo conhecido. Na Física Quântica, objetos materiais são possibilidades as quais a consciência pode escolher. Mas nós somente podemos experimentar as dimensões nas quais estamos cônscios. Nós somente podemos ouvir a música que está tocando na estação em que estamos sintonizados.

A teoria das Cordas explica de forma mais clara o Universo. É uma teoria próxima da realidade, mas ainda não completa. Muitos detalhes permanecem em aberto, pois estudar o mundo microscópico pode não ser tão simples assim.

Em torno do assunto da percepção de objetos e matéria, a memória realiza percepção do mesmo. Assim lembramos dos objetos vistos anteriormente. Os neurônios guardam esta observação dos objetos, interagindo um com o outro por meio das sinapses; comunicando-se.[187]

> A memória é necessária para a percepção de um objeto. Quando entramos em contato com qualquer objeto de nossa experiência, recrutamos uma série de informações dos padrões neurais existentes, até então, para perceber (percepção) o mesmo, identificando todas as características inerentes ao objeto. Podemos afirmar, então, que a percepção depende da memória. Pois bem, a percepção também é necessária para a construção da memória, caso contrário não teríamos lembranças dos objetos percebidos.

A Física Quântica se faz presente em termos de consciência. Assim, condensados de Bose-Einstein, Efeito Fröhlich começam a tomar forma e explicar os átomos de forma mais simples e fácil. Mas nem sempre foi tão simples assim, muito estudo em torno disso foi realizado.[188]

---

186. Fonte: http://www.yogachikung.com.br/energia-das-formas/fisica-quantica/fisica-quantica-e-multidimension
187. Fonte: http://ativismoquantico.com/2013/01/fisica-quantica-memorias-percepcoes-e-o-processamento-inconsciente/
188. Fonte: http://ativismoquantico.com/2013/01/fisica-quantica-memorias-percepcoes-e-o-processamento-inconsciente/

A causalidade obedece a um processo de causa e efeito em que um poderoso chefão é identificado (ou pelo menos há uma tentativa para tal). É assim que são as explicações causais dentro das interações materiais, isto é, partículas elementares formam átomos, que, por sua vez, formam moléculas; moléculas se reúnem formando células; células se reúnem formando órgãos (cérebro), que de suas atividades de interação por processos físicos e químicos produzem a consciência. É a famosa causação ascendente, como a interação material pode causar algo que é sutil, a consciência, ou até mesmo os sentimentos e pensamentos. Como processos físicos e químicos dentro da biologia celular neural podem causar ou fazer emergir a consciência. Quem disse que tem de ser dessa forma?

Antigos paradigmas precisam ser abandonados para que a consciência possa ser entendida de forma simples e compreensível.[189]

Se admitirmos que a consciência é a base de tudo, e não a matéria com suas interações materiais, o paradoxo se desfaz. Como? É o sutil que causa o grosseiro. É o sutil quem coordena a forma. É o sutil, por meio dos campos de influência, que organizam e se comunicam com a matéria e mantém a entropia dentro da ordem (entropia entendida aqui como a tendência de qualquer sistema em caminhar para a desordem). É o sutil, por intermédio da consciência (que também podemos chamar de espírito, alma, dependendo da religião em questão), quem escolhe as possibilidades da matéria e mantém a ordem do sistema. Estamos realmente invertendo, de forma radical, a causalidade. Ela é chamada pela nova ciência, ou ciência alternativa, de causação descendente.

A causalidade explicando a consciência, o pequeno sutil que causa o maior. Uma forma nova de se pensar e abandonar o antigo, a maneira diferente de ver o Universo.

---

189. Fonte: http://ativismoquantico.com/2013/01/fisica-quantica-memorias-percepcoes-e-o-processamento-inconsciente/

Conclusão

A energia está em tudo, energia é tudo que existe, somos de energia, afinal, tudo é energia. Do sutil ao grosseiro, uma nova forma de ver as coisas.

Referências

ÁLVARES, Beatriz Alvarenga; Luz, Antônio Máximo Ribeiro da. *Física Ensino Médio*.Volume 1 (Livro do professor). 1ª ed. Scipione. São Paulo, 2006.

FEYNMAN, R. P.; LEIGHTON, R. B.; SANDS, M. *The Feynman Lectures on Physics*, Addison-Wesley (1970).

SIMMONS, George F. *Cálculo com Geometria Analítica*. MAKRON Books do Brasil Editora Ltda. – McGraw-Hill – 1987 – Vols. 1 e 2.

11

Aspectos da Consciência

Talvez um dos mistérios mais difíceis de solucionar está sendo a consciência. Séculos e séculos passam e ainda não se sabe como realmente funcionam o nosso pensar, a memória, como guardamos informações, a fala, como processamos tudo isso e onde fica. Buscar a consciência no cérebro é como olhar para o rádio em busca do locutor.

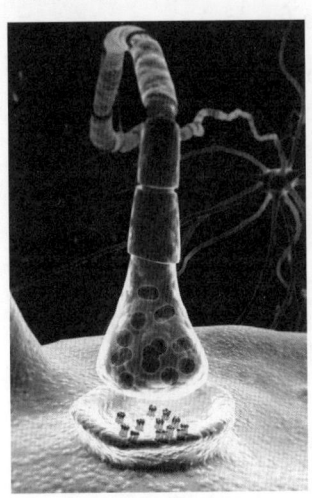

Imagem:[190] Neurônio. Eis a definição de buscar no rádio o locutor, é um exemplo simples e de fácil entendimento. Neste livro estão descritos vários exemplos para que as pessoas possam entender o verdadeiro sentido da consciência.

O motivo principal é que neurocientistas, médicos, físicos, matemáticos e alguns psicólogos tentam desvendar esse mistério e colocar um ponto-final a essas perguntas, tanto que algumas ainda ficam em aberto ou sem respostas.

Muitas perguntas e poucas respostas. O locutor que fala na rádio não está propriamente dentro do rádio, mas em algum lugar. Assim considera-se que a consciência esteja em algum lugar, mas não propriamente dentro do corpo, sendo o corpo.[191]

---

190. Fonte: http://ativismoquantico.com/2012/06/biologia-dos-sentimentos/
191. Fonte: http://yogui.co/consciencia-cria-realidade-fisicos-admitem-que-o-universo-e-imaterial-mental-e-espiritual/

"Uma revelação potencial dessa experiência é que o observador cria a realidade. Um artigo publicado na revista *Physics Essays*, Dean Radin, do Ph.D., explica como essa experiência tem sido utilizada várias vezes para explorar o papel da consciência na formação da natureza da realidade física."

Os físicos têm trabalhado mais neste contexto: qual o papel da consciência?[192]

> Em um experimento, um sistema óptico de dupla fenda foi usado para testar o possível papel da consciência no colapso da função de onda quântica. A proporção da fenda espectral de potência dupla do padrão de interferência à sua única potência espectral fenda foi prevista diminuir quando a atenção estivesse voltada para a dupla fenda, em comparação, estando longe dela. O estudo constatou que os fatores associados com a consciência significativamente estão correlacionados de maneira prevista com perturbações no padrão de interferência da dupla fenda.

Mais uma vez buscou-se experimentos considerados simples para entender a consciência, a questão do colapso da função onda. Colapsamos a função onda o tempo todo durante o dia. A cada decisão e ação o colapso acontece.[193]

> Embora esta seja uma das experiências mais populares usadas para concluir a ligação entre a consciência e a realidade física, existem vários outros estudos que mostram claramente que a consciência, ou fatores associados a ela, estão diretamente correlacionados com a nossa realidade de alguma forma. Uma série de experiências no campo da parapsicologia também já demonstrou isso.

As experiências servem para constatar a realidade e o que acontece com ela. Muitos estudos direcionam para o cérebro, microtúbulos, sinapses, regiões do cérebro, Condensados de Bose-Einstein

---

192. Fonte: http://yogui.co/consciencia-cria-realidade-fisicos-admitem-que-o-universo-e-imaterial-mental-e-espiritual/
193. Fonte: http://yogui.co/consciencia-cria-realidade-fisicos-admitem-que-o-universo-e-imaterial-mental-e-espiritual/

tentando chegar a uma conclusão. Decifrar a consciência como um todo, todas as suas interações, as quais são muitas.[194]

Muitas pessoas no planeta não estão em ressonância com estas experiências. E estão mudando suas realidades pela própria consciência. O que muda a forma como percebemos a realidade? Informação. Quando uma nova informação surge, muda a forma como olhamos para as coisas e, como resultado, nossa realidade muda, e nós começamos a manifestar uma nova experiência e abrimos nossas mentes para uma visão mais ampla da realidade.

Essa é a questão que tem mudado nos últimos anos, somos senhores da nossa realidade, a mudamos conforme queremos, nada está pronto e tudo pode ser modificado a qualquer hora, basta arregaçar a manga e lutar pelos objetivos até alcançar. Acreditar, lutar e vencer.[195]

Em 1979, Douglas R. Hofstadter (2000) lançou um livro intitulado *Gödel Escher Bach* em que ele defendia a Inteligência Artificial (I. A.) e que a máquina poderia substituir o cérebro humano, mais cedo ou mais tarde. Essa obra popularizou a discussão sobre I. A. e gerou uma grande discussão que se estende até hoje, sendo que seu pico teria sido na década de 1990, considerada pelo então presidente norte-americano Bush Pai como a década do cérebro. Inúmeras teorias sobre o que é a consciência e como ela seria ou não passível de se realizar em uma máquina foram discutidas por várias áreas do saber, a partir de diversos autores.

A máquina realiza realmente muitos serviços para o homem, ela tem substituído a mão de obra pesada. Mas isso não influenciou no trabalho (desemprego) deixando-o de lado, como se pensava na época. Apenas o trabalho braçal foi substituído por um trabalho utilizando mais as tecnologias, e trabalhos pesados podem hoje ser realizados pela máquina.

---

194. Fonte: http://yogui.co/consciencia-cria-realidade-fisicos-admitem-que-o-universo-e-imaterial-mental-e-espiritual/
195. Fonte: http://cosmoseconsciencia.blogspot.com.br/2009/03/diferencas-emaranhadas.html

O ser humano tem seu espaço, a única coisa que se tornou necessária a uma mão de obra mais qualificada, de forma geral, mais estudo e usar mais a memória, pois o trabalho repetitivo pode ser realizado pela máquina. Isso também requer mais saúde para a humanidade, porque muitos serviços geravam muitas doenças e pessoas tornavam-se inválidas por questão de saúde.

O ser humano criando a sua realidade tem o poder de mudar a vida, a sociedade. A evolução, de maneira geral, leva o homem a um patamar de inteligência que pode construir objetos novos que são úteis para ele. Esses objetos criados para sua realidade dão continuidade a cada pessoa que pensa algo novo, e posteriormente formam um conjunto de pessoas pensantes. Se cada um pensar em algo novo, mudamos a realidade a cada passo seguinte. Tudo está em transformação.[196]

> O filósofo John R. Searle (1997) acredita que a consciência emerge das funções biológicas do cérebro; o filósofo Daniel C. Dennet (1988) afirma, a partir de teorias cognitivas, que a consciência não existe e a mente humana evoluiu de mentes mais simples; o biólogo Gerald M. Edelman (1992), com seu darwinismo neural, diz que feixes de neurônios são selecionados paralelamente no que ele chama de reentrada.

Cada cientista pensa de forma diferente dando sua opinião sobre a consciência e memória. Um conjunto de pessoas pensantes, instigam algo novo. Um novo olhar para construir novas ideias, em que os outros ainda não haviam pensado antes. Isso é ciência, a busca por olhares diversos até encontrar a resposta correta.[197]

> O matemático e filósofo da ciência David Chalmers (1996) acredita que a chave para desvendar a experiência da consciência é uma teoria mais ampla da informação na qualidade de ubíqua, resultando em um dualismo naturalista e em uma expansão ontológica; os biólogos Francis Crick e Christof Koch (2004) apostam em descargas neuronais sincronizadas em torno de 40 Hz, que seriam o correlato cerebral da consciência; o neurocientista Antonio Damá-

---

196. Fonte: http://cosmoseconsciencia.blogspot.com.br/2009/03/diferencas-emaranhadas.html
197. Fonte: http://cosmoseconsciencia.blogspot.com.br/2009/03/diferencas-emaranhadas.html

sio (2004), a partir de uma crítica a Descartes e uma ênfase nas relações da filosofia espinozista e neurociência, estabelece uma relação entre emoção, sentimento e consciência; o neuropsicanalista Mark Solms (2004) articula neurociência e Psicanálise, identificando conceitos psicanalíticos no cérebro.

Vimos vários cientistas pensarem e opinarem diferentemente, mas ainda não sabemos a resposta correta, por meio da interligação da ideia de um e outro avançamos na ciência. Buscando ramificar e estender ideias construídas corretamente para lançar novos olhares.

Melhor ainda quando grupos de cientistas de diferentes áreas se juntam para pesquisar e pensar em grupos de estudos e pesquisas.

Várias ideias surgem para completar o que falta para sabermos corretamente o funcionamento da consciência, inconsciência e, quem sabe, subconsciente. Os neurocientistas largam na frente para resultados sobre o assunto.[198]

> A ideia de que somos guiados em nível consciente por um processamento em nível inconsciente tem motivado pesquisas na área das neurociências. Hoje temos oportunidade de estudar a matéria da consciência laboratorialmente por meio da ressonância magnética funcional, dentre outros. Conseguimos identificar os circuitos e redes neurais envolvidos nas experiências do dia a dia. Antigamente, alguns desses aspectos eram atribuídos ao inconsciente, por meio das explicações da teoria do inconsciente dinâmico de Freud e que não podia ser verificada pela ciência. Hoje as coisas mudaram. O novo inconsciente torna-se verificável de maneira objetiva e aspectos da psique começam a ser foco de estudos científicos.

As tecnologias avançaram e, com isto, a ressonância magnética trouxe o avanço para descobrir o que antes era impossível saber.

---

198. Fonte: http://acuraquantica.blogspot.com.br/2014/08/fisica-quantica-e-o-novo-inconsciente.html

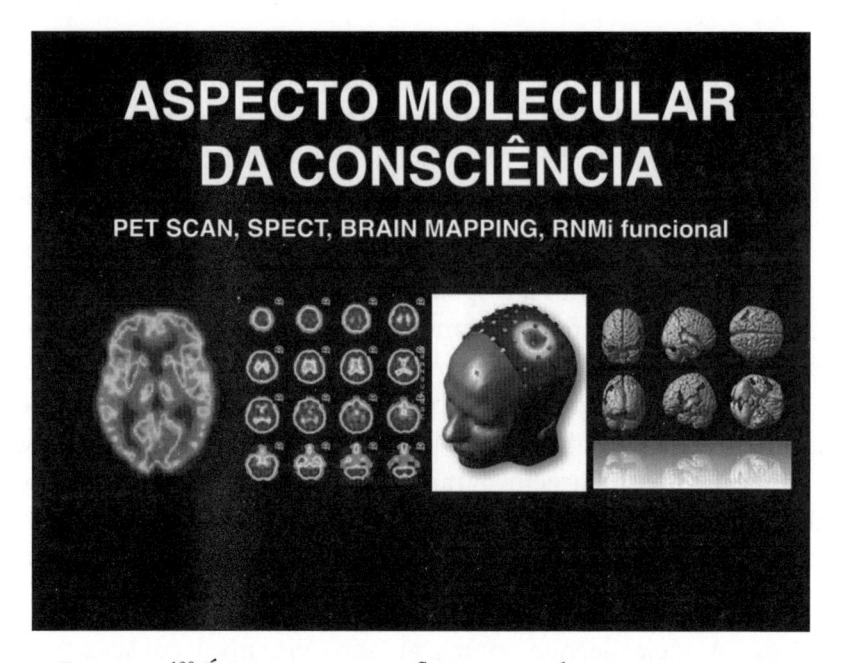

ASPECTO MOLECULAR DA CONSCIÊNCIA
PET SCAN, SPECT, BRAIN MAPPING, RNMi funcional

Imagem:[199] É interessante refletirmos sobre os processamentos consciente e inconsciente. Esse processamento pode ser serial (realizado em série, com uma etapa de cada vez) ou paralelo (com muitas operações ocorrendo simultaneamente). Pesquisadores sugerem que o processamento consciente seja o serial e o inconsciente, um processamento em paralelo. Outro conceito importante é o da chamada memória de trabalho.

Assim, hipóteses surgem em meio às pesquisas.[200]

> Temos a capacidade de guardar diversos trechos de informações e mantê-las na mente por um período. Essa memória de trabalho, antigamente chamada de memória de curto prazo, permite que as informações sejam ativadas sobre nossas experiências anteriores (memória de longo prazo). Processos psicológicos subjacentes à memória de trabalho como atenção e raciocínio estão fortemente relacionados; memória e percepção.

---

199. Fonte: http://acuraquantica.blogspot.com.br/2014/08/fisica-quantica-e-o-novo-inconsciente.html
200. Fonte: http://acuraquantica.blogspot.com.br/2014/08/fisica-quantica-e-o-novo-inconsciente.html

Como são armazenadas essas memórias e como podem ser acessadas novamente são questões que instigam cientistas, ainda em aberto, e não são consideradas completas as respostas para tais perguntas.[201]

> Para termos uma opinião sobre determinada experiência, mecanismos que relacionam memória de trabalho do córtex pré-frontal com mecanismos inibitórios de outras regiões são utilizados de forma relevante. Se você é questionado sobre determinada ponte, por exemplo, o sujeito ativa representações sobre local (córtex parietal), forma (córtex temporal inferior) e cor (córtex temporal e occipital). É necessário que haja uma inibição de uma série de informações que são ativadas na busca dos dados relevantes, o que demonstra o papel do córtex pré-frontal na filtragem e seleção do material que é utilizado na construção de representações mentais conscientes.

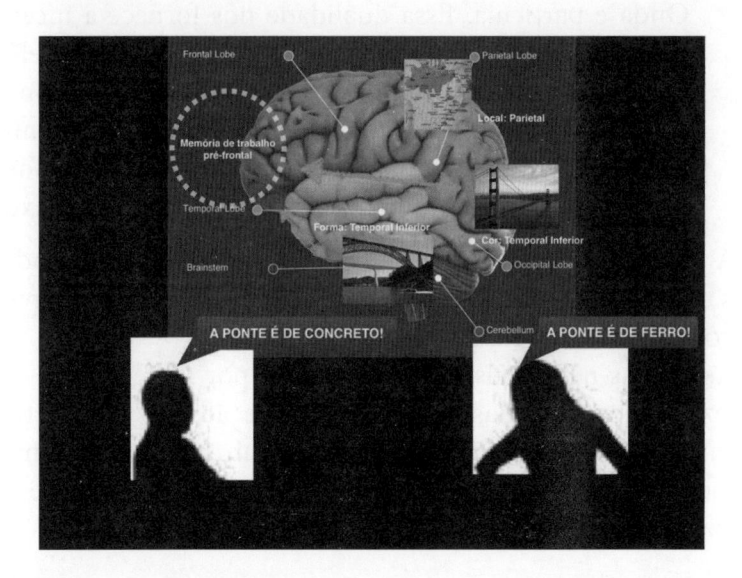

Imagem:[202] Recordando que estamos em um processo criativo de evolução, fazemos escolhas e, a partir delas, criamos a nossa realidade.

---
201. Fonte: http://acuraquantica.blogspot.com.br/2014/08/fisica-quantica-e-o-novo-inconsciente.html
202. Fonte: http://acuraquantica.blogspot.com.br/2014/08/fisica-quantica-e-o-novo-inconsciente.html

Não há um mundo lá fora a ser descoberto ou repleto de dados prontos, o Universo é coparticipativo. Participamos com a nossa capacidade de escolha. O mundo da matéria fornece as possibilidades. Um elétron, um próton, ou neutron, ou seja, o modelo atômico que temos para representar a realidade concreta tem um comportamento dual.

É um processo que se cria a cada passo; nada está pronto e tudo está em transformação o tempo todo. Já passamos dessa fase para acreditar que tudo está escrito e o destino é certo.

O modelo atômico de Niels Bhor passou por várias fases de compreensão, assim como o funcionamento da consciência está sendo descoberto pouco a pouco. Somos os senhores de nosso destino, criamos e recriamos a realidade ao nosso redor. Temos possibilidades de escolher e avançar da forma como queremos, tudo está em transformação constantemente.[203]

> Onda e partícula. Essa dualidade nos fornece a incerteza, a probabilidade e, com ela, as possibilidades. Um elétron é uma onda de possibilidade. A realidade do elétron possui dois domínios: possibilidades (onda) e fato manifesto (partícula). Nosso cérebro é composto por 100 bilhões de neurônios e uma infinidade de possibilidade de conexões.

A parte maravilhosa de tudo isso: conexões e possibilidades de colapsar uma com a outra o tempo todo. O cérebro com suas regiões e neurônios que trabalham constantemente.

As células neuronais são constituídas por moléculas que, por sua vez, são constituídas por átomos que advêm das partículas elementares que estão mergulhadas em um campo fundamental (Campo do Ponto Zero) que guarda uma interconexão entre todas essas partículas elementares.

---

203. Fonte: http://acuraquantica.blogspot.com.br/2014/08/fisica-quantica-e-o-novo-inconsciente.html

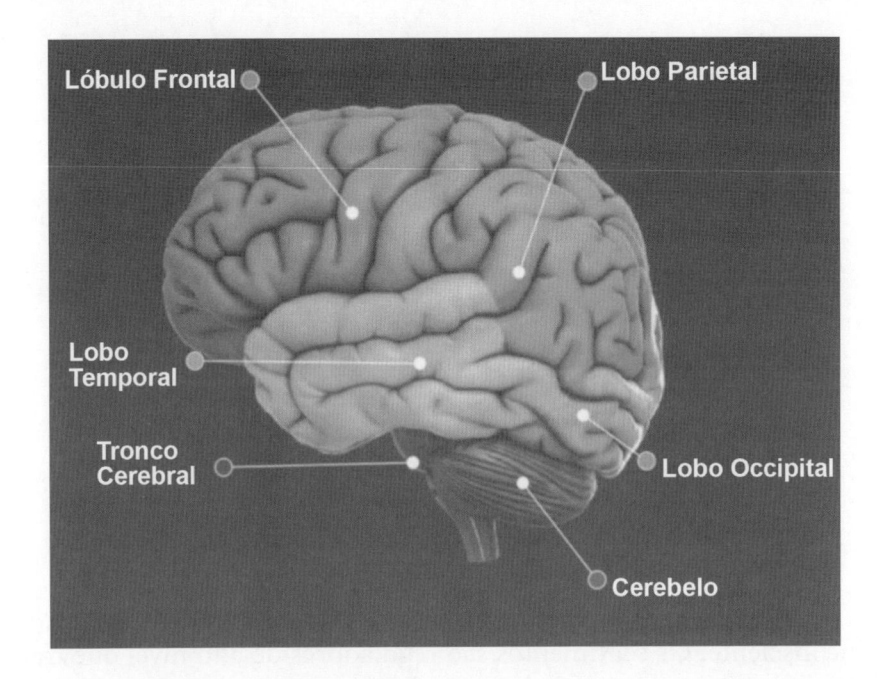

[Figura: diagrama do cérebro com rótulos: Lóbulo Frontal, Lobo Parietal, Lobo Temporal, Tronco Cerebral, Lobo Occipital, Cerebelo]

Imagem:[204] O movimento da energia vital dentro desses campos morfogenéticos está sendo simultaneamente criado pela consciência por meio das escolhas já realizadas durante a evolução.

Modelos surgem para explicar a consciência, a interligação, como funciona o corpo, cérebro, regiões do cérebro e as informações que ocorrem em meio a tudo isso. Ação realizada por meio de conexões, ligando e desligando.[205]

> Complementar a explicação com um novo modelo de organização biológica: os campos morfogenéticos. Os genes necessitam ser informados para que a sua função seja realizada. O ligar e desligar dos genes depende do ambiente, e esse ambiente é proporcionado pela consciência e seus campos sutis de influência: corpo vital, corpo mental e corpo supramental (arquétipos).

---

204. Fonte: http://acuraquantica.blogspot.com.br/2014/08/fisica-quantica-e-o-novo-inconsciente.html
205. Fonte: http://acuraquantica.blogspot.com.br/2014/08/fisica-quantica-e-o-novo-inconsciente.html

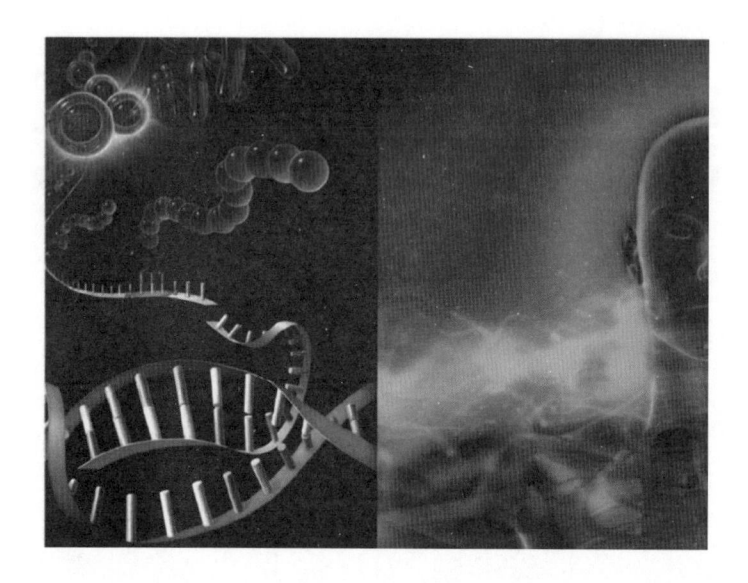

Imagem:[206] Para contribuir com as explicações atuais do novo inconsciente. Os sentimentos são reguladores de alto nível que traduzem em linguagem consciente todo um iceberg de processamento inconsciente, alimentando a razão superior com substrato fundamental para a formulação de planos e decisões. É como se houvesse níveis de regulação da vida já representados em nosso cérebro.

Níveis já representados e processados anteriormente. As decisões provêm de experiências anteriores, as quais podem ser moldadas e mudadas conforme o querer de cada um.[207]

> O corpo físico faz representações do sutil. O cérebro faz representações do significado mental dos arquétipos do corpo supramental, pensamentos (corpo mental) e sentimentos (corpo vital). Utiliza-se nesse processo moléculas neurotransmissoras e receptores específicos para gerar uma verdadeira explosão em cada sinapse. O neurotransmissor não é o pensamento, mas o representa. Um campo sutil quântico que mantém tudo interconectado e coerente está em constante transformação. O processo é dinâmico.

---

206. Fonte: http://acuraquantica.blogspot.com.br/2014/08/fisica-quantica-e-o-novo-inconsciente.html
207. Fonte: http://acuraquantica.blogspot.com.br/2014/08/fisica-quantica-e-o-novo-inconsciente.html

E quando entendemos, tudo isso parece simples, mas depois de muita ciência envolvida e cientistas tentando formar esse conjunto é fácil pensar que é assim, porém nem sempre se soube de tudo isso.[208]

Os microtúbulos neurais são estruturas de forma tubular formadas por polímeros da proteína tubulina e outras proteínas associadas a ela. Esses tubos formam uma rede no citoplasma de todas as células eucarióticas, ou seja, as que têm núcleo definido. Nos neurônios, os microtúbulos estão envolvidos em diversas funções, como transporte de vesículas e crescimento de prolongamentos (axônios).

Assim, as sinapses acontecem e os microtúbulos têm sua função. Entender toda essa forma tubular e suas interações não tem sido fácil. Neurônios, células, transportes são um conjunto que é necessário trabalhar harmoniosamente.

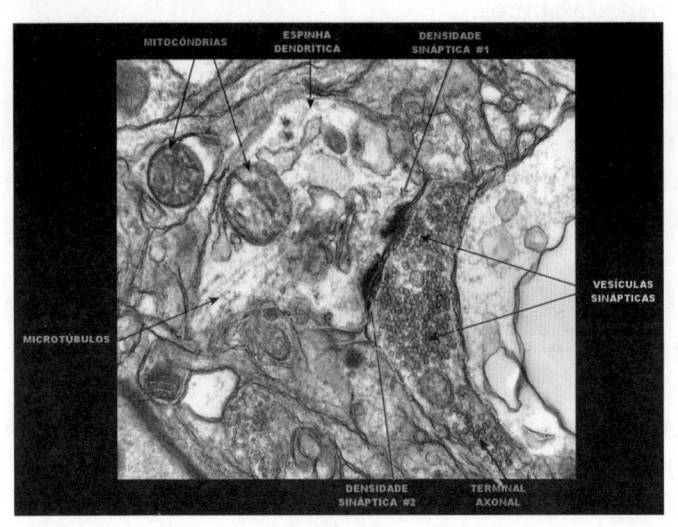

Imagem:[209] Vesículas sinápticas.[210]

Segundo essa teoria, a convergência de um conjunto de ondas-partículas quânticas levaria a um estado coerente, que se

---
208. Fonte:http://cienciahoje.uol.com.br/revista-ch/revista-ch-2001/168/o-leitor-pergunta-
-168/e-verdade-que-o-cerebro-funciona-de-modo-quantico
209. Fonte: http://anatpat.unicamp.br/bineucortexnlme.html
210. Fonte:http://cienciahoje.uol.com.br/revista-ch/revista-ch-2001/168/o-leitor-pergunta-
-168/e-verdade-que-o-cerebro-funciona-de-modo-quantico

manifestaria em nível macroscópico, de modo semelhante ao que se observa em fenômenos físicos como supercondutividade, Condensados Bose-Einstein e emissão de raios *laser*. Penrose, juntamente com o anestesista norte-americano Stuart Hameroff, sugeriu que a estrutura regular (polimérica) dos microtúbulos poderia levar a uma convergência similar que extrapolaria o nível subatômico e se expressaria como uma experiência consciente.

Esses cientistas estão para um entendimento razoável quanto à consciência do ser humano; acredita-se que estão mais próximos da realidade. Formam um conjunto de explicações que se tornam razoáveis para o entendimento, depois de muito estudo e pesquisa. Uniram-se para completar estudos, como durante muitos séculos já se faz, surgem grupos de estudos com afinidades de opiniões sobre determinados assuntos.

Conclusão

Busca-se saber detalhes consistentes sobre a consciência. Luta-se pelo que explica de forma definitiva e mais real possível entender os sentimentos e as ações.

Referências

CHALMERS, D. (1997) "Moving forward on the problem of consciousness". J. Consc. Stud. 4, 3-46.

GAMWELL, L.; "Solms, M. (2006) From Neurology to Psychoanalysis: Sigmund Freud's Drawings and Diagrams of the Mind". Binghampton: State University of New York.

HILDRETH, E.C.; KOCH, C. (1987) "The analysis of visual motion: from computational theory to neuronal mechanisms". Ann. Rev. Neurosci. 10, 477-533.

KOCH, C. (1997) "Computation and the single neuron." Nature 385, 207-210.

PANKSEPP, J.; SOLMS, M. (2012) "What is neuropsychoanalysis? Clinically relevant studies of the minded brain". Trends in Cognitive Science, 16.

SOLMS, M. (2013) "The conscious id". Neuropsychoanalysis, 15: In Press.

SOLMS, M.; TURNBULL, O. (2002) *The Brain and the Inner World: An Introduction to the Neuroscience of Subjective Experience*. London & New York: Other/Karnac.

SOLMS, M. (1998). "Preliminaries for an integration of psychoanalysis and neuroscience". Presented at a meeting of the Contemporary Freudian Group of the British Psycho-Analytical Society.

SOLMS, M. (2001) "The neurochemistry of dreaming: cholinergic and dopaminergic hypotheses". In Perry, E., Ashton, H. & Young, A. (eds.) The Neurochemistry of Consciousness. Advances in Consciousness Research series (M. Stamenov, series ed.). John Benjamin's Publishing Co.

SOLMS, M. (1995). "Is the Brain more Real than the Mind?." Psychoanalytic Psychotherapy, 9.

12

Teoria Quântica e Consciência

Temos um considerável histórico a respeito da consciência, fortes nomes se dedicaram a entender sobre seu funcionamento.[211]

Niels Bohr, um dos pais da mecânica quântica, teria sido um dos primeiros a propor que o caráter probabilístico e não mecânico no sentido clássico da teoria quântica podia ser a fonte dos fenômenos biológicos e, em particular, da consciência humana, com seu aparente livre-arbítrio. O neurobiólogo e Prêmio Nobel John Eccles também especulou sobre o papel da mecânica quântica no funcionamento do cérebro.

Imagem:[212] Você conseguiria supor que a consciência nada tem a ver com o cérebro? Que a consciência é um componente fundamental

---

211. Fonte: http://lqes.iqm.unicamp.br/canal_cientifico/lqes_news/lqes_news_cit/lqes_news_2009/lqes_news_novidades_1285.html
212. Fonte: http://muitoalem2013.blogspot.com.br/2015/08/a-consciencia-quantica.html

do Universo, independentemente do cérebro, podendo ser experimentada mesmo sem o corpo?

A ideia parece ficar completa associando a outras complexas interações explicativas sobre Física Quântica. Um contexto amplo e que precisou de muito estudo durante décadas na construção e junção de métodos quânticos, que só puderam ser aceitos depois de entender alguns conceitos físicos.[213]

> Começou na sua forma mais rudimentar, na unidade primordial das primeiras duas partículas elementares que interagiram e se relacionaram. Foi ascendendo, à medida que cresciam o leque de relações, em um diálogo dinâmico com o meio (com os férmions) até chegar à complexidade suprema que se traduz em consciência reflexa. Desde então, o campo da consciência (bósons) e o campo da matéria (férmions) estão em um permanente diálogo, causando ordens cada vez mais ricas, abertas e mais aceleradas em todos os campos da cultura, da sociedade, das religiões e da inteira humanidade.

Parece que se está entrando em um consenso que faz sentido, em que a ciência se torna realidade sobre consciência. Saindo do papel e sendo aceito na comunidade científica, na verdade uma mistura de ciência e religião, um antigo sonho de Albert Einstein.[214]

"A ideia foi proposta em 1996 e a teoria quântica vem sofrendo fortes confirmações da ciência experimental. Os paradigmas parecem realmente estar mudando. A informação quântica contida neles não é destruída nem pode ser; apenas se distribui e se dissipa pelo universo."

Mudou algo na concepção e acontecem mudanças de paradigmas, em que Newton tem perdido espaço na explicação sobre consciência; solta-se a nuvem escura que pairava sobre o assunto.[215]

> Vale ressaltar que Hameroff e Penrose desenvolveram sua teoria com base no método científico de experimentação e em estudos feitos por outros cientistas, ao contrário do que ocorrem em casos de pseudociência em que simplesmente

---

213. Fonte: http://www.ufo.com.br/noticias/a-emergencia-do-novo-paradigma-comunidade-planetaria-e-cosmica
214. Fonte: http://muitoalem2013.blogspot.com.br/2015/08/a-consciencia-quantica.html
215. Fonte: http://muitoalem2013.blogspot.com.br/2015/08/a-consciencia-quantica.html

> se acrescenta a Física Quântica como ingrediente legitimador de teorias sem fundo científico.

Os dois cientistas construíram suas bases fundamentadas em outros experimentos científicos e ampliaram durante décadas a construção de um novo olhar fundamentado na Física Quântica, das ondas e partículas.[216]

"Na complexa ligação entre essas ciências, a hipótese de Penrose representa um importante traço de união interdisciplinar."

Integrando interdisciplinaridade e fundamentando na teoria quântica já comprovada cientificamente, o pesquisador buscou mais subsídio para compreender de forma mais ampla os efeitos do pensar e agir.[217]

> Há pouco tempo, contudo, o cientista se envolveu com a Física, a Mecânica Quântica e a Astrofísica. Essa mistura explosiva originou a nova teoria do biocentrismo, a qual o professor tem pregado desde então. O biocentrismo ensina que a vida e a consciência são fundamentais para o Universo. É a consciência que cria o universo material e não o contrário.

Nesse sentido outros cientistas trabalham também acreditando que é a consciência que cria o material, e por muito tempo se considerava o contrário.[218]

> Desde o século XVII, quando Descartes separou corpo e espírito, a questão da consciência foi relegada a um plano secundário nos meios científicos. Graças às modernas pesquisas em Neurociências, Neuroimagem, Física Quântico-Holográfica, Teoria da Informação Quântica, Psicologia Transpessoal, Inteligência Artificial, Auto-organização de Sistemas Complexos e Filosofia da Mente, a consciência se tornou um dos principais temas de estudo e discussão da ciência contemporânea.

---

216. Fonte: http://www2.marilia.unesp.br/revistas/index.php/reic/article/view/716
217. Fonte: http://otimundo.com/teoria-quantica-mostra-que-apos-a-morte-a-consciencia-pode-ir-para-outro-universo/
218. Fonte: http://www.simposiosaudequantica.com.br/pt/palestrantes/francisco-di-biase.php

Épocas em que a ciência foi cegada por cientistas que provavelmente não tinham dimensão do mal que pudessem estar causando à humanidade. Durante alguns séculos foi colocada uma cortina sobre os olhos da consciência do ser humano.[219]

> Penrose e Hamerroff arguiram que os modelos convencionais de uma função cerebral baseados em redes neurais, sozinhos, não podem explicar a consciência humana; clamaram que elementos de computação quântica são também necessários. Especificamente, em seu modelo da Redução Objetiva Orquestrada (Orch OR), eles postularam que microtúbulos atuam como uma unidade processamento quântico, com estruturas individuais (*tubulin dimers*) formando os elementos computacioanais. Esse modelo requer que a tubulina (principal proteína que constitui os microtubúlos) esteja apta para alternar entre estados conformacionais alternativos de forma coerente, caracterizando um processo rápido na escala fisiológica de tempo.

A dupla formou um modelo que pudesse explicar de forma clara o funcionamento dos microtúbulos no cérebro e toda a integração que a compõe até o conjunto consciência. São muitas variáveis levadas em consideração, porque vão desde o corpo humano até a mais ínfima energia mental, no final chamada consciência.[220]

"Outro trabalho, feito pelo laboratório de Roderick G. Eckenhoff, na Universidade da Pensilvânia (Estados Unidos), sugere que a anestesia, que desliga de forma seletiva a consciência, ao mesmo tempo que mantém as atividades não conscientes do cérebro, também atua via microtúbulos nos neurônios cerebrais."

Mais pesquisadores estão envolvidos na mesma linha de pesquisa, trabalhando para encontrar mais dados que possam ajudar a humanidade e encontrar soluções para doenças e também para que o ser humano possa entender de forma mais clara o que veio fazer e crescer como um todo.[221]

---

219. Fonte: http://forum.jogos.uol.com.br/papo-cabeca-no-vt---como-criar-um-universo_t_3387174
220. Fonte: http://forum.jogos.uol.com.br/papo-cabeca-no-vt---como-criar-um-universo_t_3387174
221. Fonte: http://www.researchgate.net/publication/266245638_CINCIA_E_CONSCIN-

"A conferência Information Self-Organization and Consciousness, propõe uma nova visão da consciência, denominada Teoria Holoinformacional da Consciência, na qual o cérebro e o cosmos são compreendidos como sistemas informacionais interconectados por uma dinâmica universal instantânea."

Esta interconexão faz com que todos façam parte de um único cosmos. Isso quer dizer que todos estamos interligados e conectados uns com os outros de alguma maneira. O agir e o pensar afetam nosso semelhante, quer queira quer não, não há como fugir disso de maneira geral. Por esse motivo é tão necessário cuidar muito dos pensamentos, palavras e atitudes, pois uma atitude afeta o Universo.[222]

"É uma concepção fundamentada na natureza holográfica do funcionamento cerebral, de Karl Pribram, na estrutura quântico-holográfica do universo de David Bohm, e no princípio quântico da não localidade desenvolvido por Umezawa."

Um conjunto de cientistas estuda e trabalha para que seja descoberto o real funcionamento cerebral; isso para humanidade vem sendo um grande avanço: que se possa usar o potencial de cada indivíduo da melhor maneira. A não localidade é outro avanço dentro da ciência para entender a consciência, e isso só aconteceu depois que a teoria quântica foi desenvolvida de maneira mais clara e aceita na comunidade científica para ajudar a explicar a consciência.[223]

> A não localidade é uma propriedade fundamental do universo, exaustivamente comprovada, tanto em nível quântico quanto em nível macroscópico, responsável por interações instantâneas entre todos os fenômenos cósmicos. É uma consequência da Teoria do Campo Quântico desenvolvida por Umezawa, que unificou os campos eletromagnético, nuclear e gravitacional em uma totalidade indivisível subjacente.

A Teoria dos Campos é bastante desenvolvida atualmente e vem explicando muitos fenômenos que ocorrem na natureza.

CIA_O_Crebro_Holoinformacional
222. Fonte: http://www.researchgate.net/publication/266245638_CINCIA_E_CONSCIN-CIA_O_Crebro_Holoinformacional
223. Fonte: http://www.researchgate.net/publication/266245638_CINCIA_E_CONSCIN-CIA_O_Crebro_Holoinformacional

Está sendo aperfeiçoada e completada continuamente, sendo uma forte candidata a explicar o Universo. É uma única teoria, mas não possível até hoje. Ela vem para completar lacunas e responder perguntas onde outras teorias ainda não chegaram em termos de complexidade e explicação. Muito ainda é necessário para descobrir sobre os fenômenos quânticos envolvidos na natureza e todo Universo.[224]

> O holograma neural é construído pela interação dos campos eletromagnéticos dos neurônios, de modo similar ao que ocorre durante a interação das ondas sonoras no piano. Quando tocamos as teclas de um piano, estas repercutem as cordas provocando vibrações que se misturam, gerando um padrão de interferência de ondas.

Assim podem ser consideradas as vibrações que ocorrem em cada ser humano; as vibrações ocorrem conforme os nossos sentimentos, de forma geral, as emoções explicam da melhor maneira, porque a emoção é igual ao sentimento mais o pensamento.[225]

> Lanza aponta para a própria estrutura do Universo, e que as leis, forças e constantes do Universo parecem ser afinadas com a vida, implicando no fato de a consciência existir antes da matéria. Ele também alega que espaço e tempo não são objetos ou coisas, mas, sim, ferramentas de nossa compreensão animal. Lanza diz que carregamos o espaço e o tempo conosco como tartarugas com cascos, o que significa que quando o casco é deixado de lado (tempo e espaço), ainda existiremos.

Essa parece ser uma explicação considerada nova no meio científico e muitos estudiosos estão intrigados com a questão de espaço e tempo. Certamente, nas próximas décadas, mais cientistas estarão preocupados com essa questão, porque até agora foram dadas apenas pinceladas sobre o assunto. O pesquisador Albert Einstein já

---

224. Fonte: http://www.researchgate.net/publication/266245638_CINCIA_E_CONSCINCIA_O_Crebro_Holoinformacional
225. Fonte: http://otimundo.com/teoria-quantica-mostra-que-apos-a-morte-a-consciencia-pode-ir-para-outro-universo/

questionava e afirmava teorias sobre espaço e tempo, mas até agora nada de concreto obteve-se para a ciência com respeito ao assunto.

A ciência questiona todos os lados. Muitos cientistas tomam direções diferentes em alguns aspectos, assim como Lanza.[226]

> A teoria de Lanza, que infunde esperança, mas é extremamente controversa, possui muitos defensores, não somente meros mortais que querem viver para sempre, como também alguns cientistas bem conhecidos. Estes são físicos e astrofísicos que tendem a concordar com a existência de mundos paralelos e que sugerem a possibilidade de universos múltiplos. O multiverso é um, assim chamado, conceito científico, o qual eles defendem. Eles acreditam que não exista lei física alguma que proíba a existência de mundos paralelos.

Diferentes opiniões surgem, expandem-se novas ideias e teorias.[227]

> Vira e mexe uma ideia simples, mas completamente nova, abala os conhecimentos do ser humano. Este livro recente se enquadra nesse padrão, pois propõe que a vida cria o Universo e não o contrário, como pensávamos com a ciência até então estudada. Essa tese é revolucionária, já que propõe que a vida não é simplesmente um acidente das infindáveis probabilidades da Física.

E seguem mais questões sobre teorias criadas por físicos, principalmente que se preocupam por decifrar no mais ínfimo da matéria e natureza.[228]

"A conclusão fundamental da nova física também reconhece que o observador cria a realidade. Como observadores, estamos pessoalmente envolvidos com a criação da nossa própria realidade. Os físicos estão sendo obrigados a admitir que o universo é uma construção mental."

---

226. Fonte: http://otimundo.com/teoria-quantica-mostra-que-apos-a-morte-a-consciencia-pode-ir-para-outro-universo/
227. Fonte: http://www.revolutebrasil.com.br/blog/teoria-quantica-imortalidade-consciencia/
228. Fonte: http://yogui.co/consciencia-cria-realidade-fisicos-admitem-que-o-universo-e-imaterial-mental-e-espiritual/

São teorias lançadas pelos cientistas e aceitas por um grande número de pesquisadores.[229]

"Lanza acredita que temos vários universos coexistindo e neles existem inúmeras probabilidades de cenários que podem acontecer. Dessa forma, enquanto em um dos universos, o corpo carnal pode estar simplesmente morto, no outro, a consciência migrante pode continuar sua existência."

São teorias que começam a ser aceitas, mas a passos lentos.

A complexidade para entender a consciência se faz presente. Estudiosos estão tentando a melhor maneira o processo que envolve desde cérebro a consciência.[230]

> A neurologia tem sido até mesmo mais cautelosa. Neurologistas lidam diariamente com a matéria do cérebro, que é o material da mente. Mas, por uma variedade de razões, não é algo claro para neurologistas tentar estender sua compreensão de anatomia e fisiologia cerebral em direção a teorias modernas de consciência. As razões para isso são complexas.

Talvez o maior motivo para terem deixado de lado por tanto tempo a questão da consciência, foi a falta de dados que pudessem explicar de maneira clara e correta todo o envolvimento, do cérebro, pensamento, fala, memória e ação.[231]

> Por muito tempo, tão pouco era conhecido sobre o cérebro que não havia muito que a neurologia pudesse dizer de útil. Além disso, a neurologia se via como um braço das ciências médicas. Como uma disciplina, sua primeira responsabilidade era o alívio da doença e do sofrimento humano. Assim, a neurologia teve de apresentar uma face pública sóbria, prática. Pesquisadores não podiam permitir ser vistos como motivados por qualquer coisa tão trivial e vã como curiosidade pessoal ou sonhos de grandes teorias.

Mais um dos motivos que fez levar tanto tempo para conhecer algo a mais sobre a mente do ser humano: questões mal

---

229. Fonte: http://www.revolutebrasil.com.br/blog/teoria-quantica-imortalidade-consciencia/
230. Fonte: http://www.ceticismoaberto.com/ciencia/2128/o-vcuo-de-teoria-conscincia-quntica
231. Fonte: http://www.ceticismoaberto.com/ciencia/2128/o-vcuo-de-teoria-conscincia-quntica

resolvidas entre a ciência e seus pesquisadores e preconceito em primeiro lugar.[232]

> O contraste em atitude com a física fundamental dificilmente poderia ser maior. Lá, o registro de sucesso do campo criou uma confiança que encoraja a mais liberta especulação. Teorias de Tudo (TOEs, *Theory of Everything*) abundam. Quanto mais ultrajante uma ideia, isto praticamente a faz mais merecedora de um distintivo de honra. Mas a neurologia, especialmente durante os anos 1970 e 1980, cultivou uma ética de abnegação abstêmia. Apenas alguns neurologistas, ou muito idosos ou muito famosos para se preocuparem, como o prêmio Nobel *sir* John Eccles, podiam arriscar sua posição para falar sobre como o cérebro poderia produzir a mente.

Sendo arriscado falar sobre o assunto, os novos cientistas nem se arriscavam comentar o assunto para não perder prestígio por causa de um tema delicado.[233]

> O credo da neurologia na abnegação é importante porque questiona se explicar a mente é de fato uma tarefa difícil, ou se os cientistas simplesmente não têm tentado de uma forma particularmente organizada. Contudo, também é uma atitude que mudou rapidamente. O desenvolvimento de *scanners* de cérebro e outras técnicas novas de pesquisa criou um súbito sopro de confiança. Há um rebuliço dentro da área e neurologistas de carreira começaram a especular publicamente sobre os possíveis processos globais do cérebro que poderiam estar por baixo da consciência. Teorizar sobre a consciência tornou-se possível, até mesmo respeitável.

Talvez, a revolução das tecnologias e fazer um rastreamento do cérebro por meio de ressonância magnética tenham contribuído para haver confiança entre cientistas. Outro fato que pode ter auxiliado foi o forte avanço da Física Quântica; juntando as duas coisas, pesquisadores puderam estudar o assunto mais a fundo e auxiliar

---

232. Fonte: http://www.ceticismoaberto.com/ciencia/2128/o-vcuo-de-teoria-conscincia-quntica
233. Fonte: http://www.ceticismoaberto.com/ciencia/2128/o-vcuo-de-teoria-conscincia-quntica

com o crescimento de informações claras e respostas para muitas perguntas que antes permaneciam em aberto por falta de dados comprobatórios.[234]

> Essa mudança na moda científica é refletida em uma recente avalanche de conferências especificamente sobre a mente. Christof Koch, um enérgico jovem neurocientista alemão do Instituto de Tecnologia da Califórnia, que colaborou com Francis Crick em uma teoria da consciência de oscilações sincronizadas, diz que até aproximadamente 1992 investigadores sérios só podiam mencionar a palavra que começa com C tarde da noite e depois de muitas cervejas. Mas Koch nota que já em 1994, até a conferência anual da Sociedade para Neurociência dos Estados Unidos que atrai mais de 20 mil doutores, psiquiatras e investigadores do cérebro, estavam fazendo o inconcebível e incluindo uma sessão que tinha consciência em seu tít ulo: As coisas relaxaram rapidamente. Você não é mais morto por falar sobre a mente.

Tudo isso parece estranho, mas fez parte da cruel realidade que o estudo do processo da consciência passou.[235]

> Em uma visão, a consciência é vista como algo fluido e sem costuras, um campo inquebrável de energia mental. Este campo de consciência pode existir em diferentes graus de força, variando em intensidade entre humanos e animais, ou até mesmo entre sono e vigília, mas de alguma maneira é sempre essencialmente a mesma coisa. O grande enigma então é: o que permite que esse pedaço mole de carne e sangue que é o nosso cérebro de repente se ilumina com o brilho interno mágico da experiência subjetiva? Deve haver algum truque, algum mecanismo estranho e talvez sobrenatural que negocia a transição de matéria inanimada para mente animada.

São perguntas que exigem respostas consistentes. A ciência vem desvendando pouco a pouco essas respostas, por meio de críticos e

---

234. Fonte: http://www.ceticismoaberto.com/ciencia/2128/o-vcuo-de-teoria-conscincia-quntica
235. Fonte: http://www.ceticismoaberto.com/ciencia/2128/o-vcuo-de-teoria-conscincia-quntica

estudiosos – digo críticos, pois esses também são necessários para a verificação de ideias e experimentos realmente convenientes.[236]

> Naturalmente, a mesma crítica poderia ser feita a supostas faculdades da mente, como memória, pensamento, atenção e emoção. Sendo estritamente preciso, nós só deveríamos falar sobre as ações de lembrar, pensar, assistir e sentir porque todos esses processos só existem no momento que o cérebro estiver executando-os. Um uso imperfeito da linguagem conduziu a uma falsa distinção entre o cérebro e suas ações, ficando tão enraizado em nossa cultura que nós agora achamos difícil tratar a consciência apenas como o produto do cérebro.

Depois da década de 1990 começou-se a pensar mais seriamente sobre o assunto consciência. Então, não é por acaso que o assunto ainda assusta certas pessoas; com o passar do tempo, a nuvem escura que paira sobre o assunto se dispersará e respostas mais claras devem aparecer a respeito do assunto.[237]

> Conexionismo Neural é a grande esperança teórica das ciências da mente. Se *scanners* de cérebro estão fornecendo a evidência experimental crua e a reaproximação entre psicologia e neurologia, está criando o clima social necessário para a pesquisa produtiva, então é esperado que o conexionismo neural, de alguma forma, seja a teoria em estilo de processo que finalmente explicará a consciência. Porém, antes de apanhar as linhas da história conexionista, vale abordar brevemente a recente moda por explicações da mente baseadas na Física Quântica, se por nenhuma outra razão, para ver por que alguns cientistas poderiam sentir que aqueles *scanners* de cérebro se mostrarão quase irrelevantes para responder as perguntas realmente profundas sobre a consciência humana.

E volto a repetir: com o avanço das tecnologias foi possível entender melhor o cérebro e suas interações. As imagens começam a

---
236. Fonte: http://www.ceticismoaberto.com/ciencia/2128/o-vcuo-de-teoria-conscincia-quntica
237. Fonte: http://www.ceticismoaberto.com/ciencia/2128/o-vcuo-de-teoria-conscincia-quntica

fornecer dados sem os quais, antes, não era possível acessar essas informações. Isso vem ao encontro do conjunto que progride em meio a respostas que estavam sendo procuradas pelos cientistas, principalmente neurologistas.[238]

> O encontro de Tucson, como várias outras conferências de consciência naquele ano, estava elétrico de excitação sobre possíveis teorias quânticas da mente. Durante a sessão de abertura no auditório fracamente iluminado do hospital universitário, ainda mais diminuída comparada à forte luz do deserto na parte de fora, o filósofo da Washington University, David Chalmers, resumiu de forma excelente a atração da conexão quântica quando brincou: "A consciência é um mistério, a mecânica quântica é um mistério. Quando você tem dois mistérios, bem, talvez haja apenas um. Talvez eles sejam a mesma coisa".

Lança-se assim o desafio sobre a teoria quântica. Quando começarmos a questionar com leveza e ao mesmo tempo isso ser extremamente sério, estaremos no caminho para trilhar trajetos que certamente são seguros, e um pouco de leveza na expressão fará toda a diferença. É como se fôssemos colocar uma energia positiva em vez de querer, por meio de energias negativas, introduzir com toda a força ideias na mente das pessoas.

Questionar, instigar, pensar, pesquisar, interagir com outros grupos em conferências são aliados da ciência.[239]

> Mas, até mesmo aqueles que acham demais pensar que o Universo poderia se dobrar por causa da existência humana ainda sentem que os paradoxos da teoria quântica são sugestivos de algo sobre nossa consciência. Justamente como um sistema quântico, a mente humana criativa parece provar muitos caminhos e resultados, correndo à frente de si mesma com palpites e intuições antes de colapsar sua função de onda, para formar o estado resolvido que é nosso fluxo lógico, focalizado de pensamento.

---
238. Fonte: http://www.ceticismoaberto.com/ciencia/2128/o-vcuo-de-teoria-conscincia-quntica
239. Fonte: http://www.ceticismoaberto.com/ciencia/2128/o-vcuo-de-teoria-conscincia-quntica

Muitas possibilidades surgem em meio ao caminho sugestivo da teoria quântica. Somos nós que comandamos a realidade pelo pensamento, sentimento e pelas ações. Deixamos de ser vítimas e assumimos o poder com acertos e erros.[240]

> Parece plausível que a consciência humana poderia ser o resultado de o cérebro descobrir, durante o curso da evolução, como lidar com efeitos quânticos sutis. Enquanto o cérebro de um animal mais simples pode ser verdadeiramente um autômato, não mais que um computador biológico cego, com nós mesmos, e talvez alguns dos animais mais desenvolvidos, foram encontrados caminhos para formar um campo de coerência quântica envolvendo todo o cérebro, globalmente consciente.

O Universo é questão da consciência em humanos e animais é ampla, abrem-se portas para coerência quântica, desde então mais pesquisadores têm se interessado pelo assunto.[241]

> Não apenas a Física Quântica parece oferecer uma pronta resposta para o modo como os circuitos sombrios de mecanismo de relógio do cérebro poderiam se iluminar de repente com os fogos da consciência, mas ela também parece automaticamente responder por algumas das qualidades especiais que nós associamos com o ser humano, como criatividade, imprevisibilidade e liberdade de ação. Quanto mais os cientistas cognitivos tentam nos enganar com fluxogramas de computador, ou neurologistas com diagramas de circuitos enroscados de plasma, mais urgimos por uma explicação que seja simples, mas ampla em alcance. Esqueça dos detalhes prolixos de processos neurais. Dizemos, simplesmente nos conte que mecanismo faz a consciência surgir dentro de nossas cabeças.

Simples, muito simples, direcionando-se para a Física Quântica com respostas coerentes, eliminando ideias que já não servem mais para nada. Respostas com alto nível são respondidas pela teoria com

---

240. Fonte: http://www.ceticismoaberto.com/ciencia/2128/o-vcuo-de-teoria-conscincia-quntica
241. Fonte: http://www.ceticismoaberto.com/ciencia/2128/o-vcuo-de-teoria-conscincia-quntica

complexidade e perfeição, o resto é para colocar uma nuvem escura sobre o que já é real.[242]

Em um aceno para as teorias holográficas de Karl Pribram, Hameroff defendeu que a holografia poderia ser a chave para como um citoesqueleto de computação óptica poderia realizar processos mentais como a memória e o pensamento. Fótons poderiam ser disparados por fendas especiais nas paredes de um microtúbulo para rabiscar mensagens holográficas no gel citoplasmático próximo. A própria convicção de Pribram é a de que a holografia é algo que tem lugar entre as células do cérebro, em vez de dentro delas, e ele criou modelos matemáticos detalhados de como neurônios poderiam armazenar informação em campos de potencial elétrico gerados pelas ramificadas extremidades dendríticas.

Segue-se, então, um raciocínio que parece ser conveniente, em meio a tantas perguntas a serem respondidas em um processo que liga uma coisa a outra, fazendo sentido.

Vejamos algumas ideias segundo Penrose.[243]

A convicção geral de Penrose era a de que muito do cérebro provavelmente opera como um computador. Ele se comportaria como uma máquina calculadora mastigando a seu modo programas para produzir resultados previsíveis, mas provavelmente inconscientes. Porém, a faísca extra que permitia à mente humana ser criativa e ter livre-arbítrio deveria se originar de alguma profunda incerteza quântica de dentro de sua conexão elétrica. Ele acreditava que o colapso de uma função de onda quântica, a transição de um sistema de um mar de possibilidades para um resultado definido, era provocado pelo próprio peso gravitacional do sistema. A energia espalhada de uma partícula exerceria uma atração gravitacional fraca, mas decisiva em si mesma que serviria para colapsá-la em forma. Um dos complementos

---

242. Fonte: http://www.ceticismoaberto.com/ciencia/2128/o-vcuo-de-teoria-conscincia-quntica
243. Fonte: http://www.ceticismoaberto.com/ciencia/2128/o-vcuo-de-teoria-conscincia-quntica

de teorias e experimentos de cientistas que são bem aceitos atualmente para explicar a consciência.[244]

A saga de Hameroff e seus microtúbulos diz muito sobre o estado presente das ciências da mente. Os cientistas oficiais da mente, os psicólogos e neurologistas, não têm satisfeito uma sede natural por explicações. Na ausência de uma teoria-padrão aceita, ou até mesmo de uma abordagem-padrão para a formulação de teorias, várias teorias populistas floresceram. A hipótese quântica, em particular, teve todos os ingredientes certos para receber ampla atenção. É grandiosa e misteriosa. Parece focalizar em tudo aquilo que nós consideramos mais especial sobre a mente humana, sua inventividade, seu senso de autodeterminação, sua coerência impressionante. A consciência quântica era uma ideia pela qual era possível se apaixonar.

E ainda é possível se apaixonar. Se mais cientistas antes tivessem se dedicado à mente humana, não teríamos caminhado tão lentamente para a descoberta ou hipóteses que apenas atualmente são levantadas.

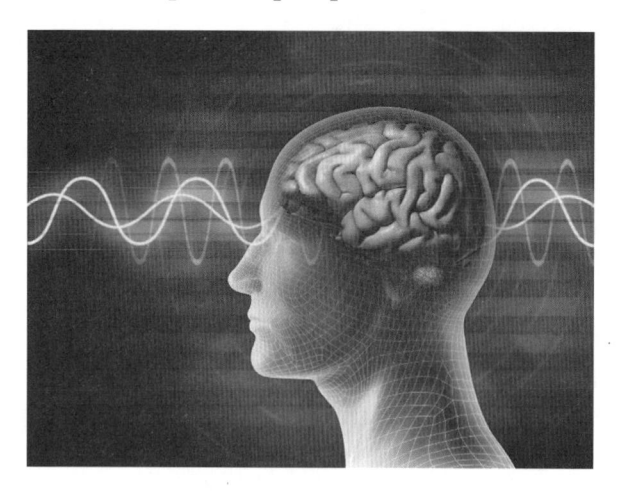

Imagem:[245] O que também é importante sobre os ensinamentos da nova Física é que, se os fatores de consciência são associados com

---

244. Fonte: http://www.ceticismoaberto.com/ciencia/2128/o-vcuo-de-teoria-conscincia-quntica
245. Fonte: http://yogui.co/consciencia-cria-realidade-fisicos-admitem-que-o-universo-e-imaterial-mental-e-espiritual/

a criação da nossa realidade, isso significa que a mudança começa por dentro. Ela começa quando estamos observando o mundo exterior a partir do nosso mundo interior.

É que agora já sabemos que somos nós que escolhemos a forma como é o nosso dia a dia, não são os outros os culpados pelas nossas derrotas, e sim nós mesmos. Apesar de que o mundo externo interfere no mundo interno.[246]

> Entender como o cérebro produz o material de experiências subjetivas, tais como a cor verde ou o som das ondas do mar, é o que o filósofo australiano David Chalmers chama de problema difícil da consciência. Tradicionalmente, os cientistas têm tentado resolver esse problema com uma abordagem que vai de baixo para cima, um tipo de processamento de informação baseado em dados vindos do meio ao qual o sistema pertence para formar uma percepção. "Você pega um pedaço do cérebro e tenta espremer o suco de consciência (dali)", explica o diretor científico do Instituto Allen. Mas isso é quase impossível.

Então, poderíamos pensar de outra maneira: o software rodando em um hardware; mas prosseguimos com os pensamentos de outros cientistas envolvidos no assunto.[247]

> Teilhard relata, em relação aos cosmologistas modernos, dentre eles Davies, que encerra seu livro da seguinte maneira: "Não posso acreditar que nossa existência neste Universo seja uma mera peculiaridade do destino, um acidente da história, um grito incidental no grande teatro cósmico. Nosso envolvimento é íntimo demais. A espécie *Homo* pode não importar nada, mas a existência da mente em algum organismo em algum planeta do Universo é certamente um fato fundamentalmente significativo. Através dos seres conscientes o Universo gerou autoconsciência. Isto não pode ser um detalhe banal, um subproduto menor de forças indiferentes e sem objetivo. Nossa existência

---

246. Fonte: http://hypescience.com/cientistas-se-aproximam-da-teoria-da-consciencia/
247. Fonte: http://www.ijba.com.br/index.php?sec=artigos&id=117

é intencional. A autoconsciência permite ao homem um novo olhar".

Muito bem descrito pelo cientista, a dimensão é grande, o ser humano tem um propósito sério e a questão não é tão banal assim.

Muitos se enganam quanto à existência do homem, achando que a consciência não veio de lugar algum e que vai para lugar nenhum.[248]

> Há uma nova teoria mecânico-quântica da consciência que objetiva uma associação do ser com o Universo, mediante um relacionamento entre matéria e consciência. O físico quântico David Bohm acredita que: "O mental e o material são dois lados de um mesmo processo global que, como a forma e o conteúdo, estão separados apenas no pensamento e não na realidade. Há uma energia que é a base de toda a realidade (...)".

Isso explana de forma clara que é por meio da energia que se explica a consciência, o corpo e essa interligação. Basta pensarmos um pouco sobre o assunto e entenderemos.[249]

> Nunca há divisão real entre os lados mental e material em nenhum estágio do processo global. Não há dicotomia entre o eu que pensa e o eu que sente; entre mim e o mundo à minha volta há trocas eletromagnéticas constantes que me afetam e afetam o mundo à minha volta. Interagimos consciente e inconscientemente com tudo, estamos interligados ao Todo, somos mônadas no sentido leibniziano mesmo, possuímos uma identidade, temos nossa própria unidade, mas fazemos parte de uma Unidade transcendente. Não podemos imaginar algo fora, separado, isolado desse Todo, o holismo é uma resposta possível.

As teorias começam a explicar de forma clara o processo mental, basta estudar um pouco sobre Física Quântica e pensar como o Universo funciona. Parece que cientistas estão no caminho certo.[250]

---

248. Fonte: http://www.ijba.com.br/index.php?sec=artigos&id=117
249. Fonte: http://www.ijba.com.br/index.php?sec=artigos&id=117
250. Fonte: http://www.fonoarte.8m.com/bieberic.htm

A propriedade mais excepcional e enigmática do cérebro humano é dada por sua capacidade de gerar uma mente dentro de si mesmo. Em virtude de ser consciente, a mente humana experimenta um mundo de objetos, sensações, e emoções. Esse mundo é um produto de processamento informacional e reside completamente dentro do cérebro; mas qualquer experiência consciente parece surgir de um mundo projetado para fora do cérebro. A mente então funde a percepção do mundo com uma qualidade interior de emoção e um sentimento de ser uma unidade ontogenética. Esse observador interno está consciente de si mesmo, está autoconsciente com uma impressão de ser uma entidade perpétua com memórias e uma identidade singular, o eu. (BAARS, 1997; COTTERILL, 1994; FEINBERG, 1996; STRAWSON, 1997).

Percebemos que depois da década de 1990 pesquisadores se arriscaram e começaram a expor suas ideias de forma clara e em conjunto com outros cientistas.[251]

A identidade estrutural entre um processo material cerebral e um processo mental de comunicação é dependente da função (*wavelet*) de Gabor. A função de Gabor efetiva de modo concreto, o processo interativo dual que Eccles e Popper estão propondo. Eccles coloca a interação no interior da sinapse. Isso não é contraditório com a ênfase colocada nas propriedades do campo receptivo das arborizações das fibras finas pré e pós-sinápticas, exceto pelo fato de que a interação não é limitada à fenda sináptica.

Ideias de pesquisadores geram semelhanças e infundem-se em meio às interações das sinapses dos neurônios, concluindo possíveis acertos.

E ainda mais cientistas dispostos a seguir no caminho da quântica.[252]

O Aspecto Quântico da Consciência, A Dinâmica Quântica Cerebral, estudos experimentais desenvolvidos por Pribram

---

251. Fonte: http://www.imhep.com.br/artigos-conteudo.asp?cod_conteudo=10
252. Fonte: http://www.imhep.com.br/artigos-conteudo.asp?cod_conteudo=10

e outros pesquisadores como Hameroff, Penrose, Yassue, Jibu, confirmaram a existência de uma dinâmica cerebral quântica, nos microtúbulos neurais, nas sinapses e na organização molecular do líquido céfalorraquidiano, desvelando a possibilidade de formação de Condensados Bose-Einstein, e a ocorrência do Efeito Fröhlich nesses sistemas. Os Condensados Bose-Einstein consistem de partículas atômicas, ou no caso do Efeito Fröhlich, de moléculas biológicas, que assumem um elevado grau de alinhamento, funcionando como um estado altamente unificado e ordenado, tal como ocorre nos *lasers* e na supercondutividade.

A interconexão de microtúbulos, mais um avanço para ciência.[253]

Hameroff descobriu ainda que existe um elevado grau de coerência quântica entre microtúbulos vizinhos, e que eles poderiam funcionar como dutos de luz e guias de ondas para os fótons, enviando essas ondas de uma célula a outra através do cérebro sem perda de energia, exatamente como na superradiância. Este processo poderia organizar ou informar moléculas em um processo do tipo Efeito Frölich e agir sobre as moléculas dos sistemas do organismo humano de modo a energizá-las de modo positivo ou negativo.

Conclusão

Constatou-se que atualmente muitos pesquisadores se envolveram no estudo da consciência ligada à Física Quântica.

Após a década de 1990, foi possível falar livremente sobre o assunto sem sofrer preconceito da comunidade científica.

Referências

BAARS, B.J. (1997) "In the theatre of consciousness. Global workspace theory, a rigorous scientific theory of consciousness". J. Consciousness Stud. 4, 292-309.

---

253. Fonte: http://www.imhep.com.br/artigos-conteudo.asp?cod_conteudo=10

BOHM, D.; HILEY, B. J. (1993) *The Undivided Universe*. Routledge, London.

BOHR, N. *Física Atômica e o Conhecimento Humano: Ensaios 1932-1957*. Rio de Janeiro: Contraponto, 1995.

CHALMERS, D. J. (1996) *The Conscious Mind. In Search of a Fundamental Theory*. Oxford University Press, New York.

COTERRILLl, R. (1994) "On the unity of conscious experience". J. Consc. Stud. 2, 290-311.

FEINBERG, T.E. (1997) "The irreducible perspectives of consciousness". Semin. Neurol. 17, 85-93.

GREENFIELD, Susan. The private life of the brain. John Wiley & Sons, 2000. Francis CRICK e Christof KOCH. A framework for consciousness. em Nature Neuroscience, vol. 6, p. 119-126, fevereiro de 2003. Christof KOCH. Roberts & Company The quest for consciousness: a neurobiological approach. Publishers, 2004. Susan A. GREENFIELD e T. F. T. COLLINS, A neuroscientific approach to consciousness. Em Progress in Brain Research, vol. 150, p. 11-23, 2005.

HAMEEROFF, Stuart R.; PENROSE R.(1996). "Orchestrated Reduction of Quantum Coherence in Brain Microtubules: A Model For Consciousness". In: Toward a Science of Consciousness: The First Tucson Discussions and Debates, edited by Stuart R. Hameroff, Alfred W. Kaszniak, and Alwyn C. Scott, The MIT Press Cambridge, Massachusetts.

PRIBAM, K. (1991) "Brain and Perception: Holonomy and Structure in Figural Processing". Erlbaum, Hilsdale, NJ.[254]

STRAWSON, G. (1997) "The self". J. Consciousness Stud. 4, 405-428.

---

254. Fonte: http://www.gnosisonline.org/ciencia-gnostica/a-particula-de-deus/

13

Bóson de Higgs

Ele é como a água para os peixes, um ingrediente fundamental para o Universo. Tão fundamental que alguns físicos o chamam de "Partícula de Deus".
Apesar de haver muitos estudos realizados em torno de partículas, o maior avanço ocorreu a partir dos anos 1990. Cada vez mais sabe-se as partículas, inclusive a sua massa, mesmo ela sendo muito pequena.[255]

> O bóson de Higgs ganhou o pomposo nome "Partícula de Deus" no início dos anos 1990, após um físico, Leon Lederman (Nobel de 1988) lançar seu livro intitulado *The God Particle* (a partícula de Deus, em inglês), com a finalidade de explicar a teoria sobre o bóson de Higgs para o público não especializado em ciência.

Por causa da recente empolgação de cientistas que ampliam a ciência com resultados fabulosos sobre a teoria quântica, e partículas, também ao poder da construção de laboratórios como CERN e o Colisor de Hadrons, o LHC, é possível avançar com resultados satisfatórios.[256]
"Conhecida como bóson de Higgs, acredita-se que ela seja uma parte vibratória do vácuo invisível que permeia todo o Universo."
Atualmente existem muitos estudos em torno do vácuo quântico, que podem explicar uma série de fenômenos na natureza.[257]

---

255. Fonte: http://www.gnosisonline.org/ciencia-gnostica/a-particula-de-deus/
256. Fonte: http://www.gnosisonline.org/ciencia-gnostica/a-particula-de-deus/
257. Fonte: https://pt.wikipedia.org/wiki/B%C3%B3son_de_Higgs

Bóson de Higgs

Bóson de Higgs, ou bosão de Higgs, é uma partícula elementar bosônica prevista pelo Modelo Padrão de partículas, teoricamente surgida logo após ao Big Bang de escala maciça hipotética predita para validar o modelo padrão atual de partículas e provisoriamente confirmada em 14 de março de 2013. Representa a chave para explicar a origem da massa das outras partículas elementares. Todas as partículas conhecidas e previstas são divididas em duas classes: férmions (partículas com spin da metade de um número ímpar) e bósons (partículas com spin inteiro).

Avança-se cada vez mais com resultados sobre bósons e férmions na grande escala. Atualmente, o modelo padrão confere resultados, mas no ano de 2015 houve mais descobertas de massas e outros modelos.[258]

O modelo padrão não prediz o valor da massa do bóson de Higgs. Discutiu-se que se a massa do bóson de Higgs se encontra, aproximadamente, entre 130 e 190 GeV, então o modelo padrão pode ser válido em escalas da energia toda a forma até a escala de Planck (TeV 1016). Muitos modelos de supersimetria prediziam que o bóson de Higgs teria uma massa somente ligeiramente acima dos limites experimentais atuais e ao redor 120 GeV ou menos. As experiências mais recentes mostram que sua massa está em torno de 125 GeV/c^2.

Para tudo isso é necessário muito estudo a fim de aperfeiçoar o modelo padrão e ainda incluir outros integrantes a partir de pesquisas que avancem e tragam novos resultados praticamente a cada ano.[259]

Há 13,7 bilhões de anos, no instante em que o Universo nasceu, nesse estágio embrionário do Cosmos, a grandeza física a que chamamos massa ainda não existia. Nada tinha peso. A matéria que forma o seu corpo hoje era só uma coleção de partículas subatômicas se movendo à velocidade da

---
258. Fonte: https://pt.wikipedia.org/wiki/B%C3%B3son_de_Higgs
259. Fonte: http://super.abril.com.br/ciencia/a-particula-de-deus

> luz. E aí é que vem a bênção. Certas partículas, os bósons de Higgs, estavam espalhadas por cada milímetro do Universo. Uma hora elas se uniram e, em um processo similar ao vapor d'água se transformando em água líquida, formaram um oceano invisível, o Oceano de Higgs.

Um processo que levou muito tempo, transformando e moldando o que nós temos hoje, e como sabemos tudo muda o tempo todo, o Universo vem sofrendo modificações no transcorrer do tempo.

Pelo avanço da ciência sabe-se que o átomo é composto também pelo quark, que compõe nosso organismo.[260]

> Caso dos quarks (que formam basicamente todo o seu corpo). Do ponto de vista delas, o Oceano de Higgs era (e ainda é) como um óleo denso. E à força que os quarks fazem para atravessar esse óleo nós damos o nome de massa. Em suma: sem os bósons de Higgs, a matéria não existiria, já que matéria é tudo o que tem massa. E você seria algo tão sem substância quanto uma onda de rádio. Chato.

Mas somos matéria, e todos os elementos que a compõem e provavelmente muito ainda do que não sabemos sobre esta matéria e sobre este Universo que continua tendo enigmas a serem descobertos ou montados como quebra-cabeça, ainda faltam peças para compor o todo em resultados para que possamos entender melhor a natureza das coisas.

Os cientistas estudam em laboratórios e por meio dos experimentos conseguem por meio de explosões fazer aparecer os bósons de Higgs.[261]

> E como os cientistas fazem para encontrar esses sinais? Eles pegam pedaços de átomos, aceleram loucamente e provocam colisões frontais entre eles. Das pancadas saem explosões com intensidades similares à do Big Bang, mas confinadas a um espaço ínfimo. No meio da força dessas explosões deveriam aparecer bósons de Higgs soltos, assim como havia há 13,7 bilhões de anos, segundo a teoria. Bom,

---

260. Fonte: http://super.abril.com.br/ciencia/a-particula-de-deus
261. Fonte: http://super.abril.com.br/ciencia/a-particula-de-deus

os cientistas vasculham dados dessas batidas para ver o que aparece de fato. É um trabalho parecido com procurar agulhas em palheiros. No caso do bóson de Higgs, agora, o que eles encontraram foi o brilho da agulha.

Por sinal, já é alguma coisa e, como se sabe, a confirmação desses bósons saiu recentemente. O problema é que para a confirmação de um experimento são necessárias pesquisas realizadas durante anos até se chegar a um resultado satisfatório. Muitas vezes, são feitas centenas de experiências ou até milhares, dependendo do caso. É muito trabalho e pessoas envolvidas.[262]

Os mais de 6 mil pesquisadores envolvidos com o LHC usam aceleradores para chocar feixes de matéria. O próton é acelerado a 99,9999991% da velocidade da luz, conferindo-lhe uma grande quantidade de energia. Quando os prótons se chocam, o excedente de energia é dissipado na forma de partículas subatômicas, que são observadas por detectores, entre elas o bóson.

Essas são as maravilhas do sucesso dos pesquisadores envolvidos nesses laboratórios, e recentemente vem abrindo um leque de informações contidas nos Colisores de Hádrons.[263]

"O bóson apareceu em 2012 no interior do Large Hadron Collider (LHC), na Suíça, revelando sua massa a ser cerca de 126 GeV (giga elétron-volts), ou cerca de 118 vezes a massa do próton. Isso é um pouco mais leve do que poderia ter sido, de acordo com várias teorias."

Que estes elementos tenham massa parece bastante óbvio, mas para saber a massa de cada um também é um árduo trabalho.[264]

O bóson de Higgs não é apenas uma partícula, disse o físico John March-Russell, do Cern. Sua descoberta indica que existe um mundo totalmente novo lá fora. Assim que

---

262. Fonte: http://oglobo.globo.com/sociedade/ciencia/nobel-de-fisica-de-2013-premia-descoberta-da-particula-de-deus-10290068
263. Fonte: http://www.misteriosdouniverso.net/2015/02/boson-de-higgs-pode-explicar-dominacao.html
264. Fonte: http://www.gnosisonline.org/ciencia-gnostica/a-particula-de-deus/

os físicos conseguirem entender como ele atua no universo, eles serão capazes de responder a uma pergunta fundamental para a qual os antigos pensadores jamais ousaram tentar encontrar uma resposta: por que a matéria tem massa?

Esta resposta ficará em aberto, mas se é matéria deve ter massa e peso. Isto para mim é uma lógica. Mesmo que de alguns elementos ainda não se saiba o valor de sua massa, mas, por menor que seja a massa, ela existe; posso estar equivocada no meu pensamento, o tempo dirá.[265]

A descoberta de Genebra deve ser confirmada como uma das maiores conquistas da ciência em todos os tempos. O vácuo estrutura tudo o que existe no Cosmos e mantém a matéria sob sua influência. E o bóson de Higgs, visto hoje mais como um campo que como uma partícula, é parte fundamental desse imenso nada. Pode ser um imenso nada que é essencial para o tudo.

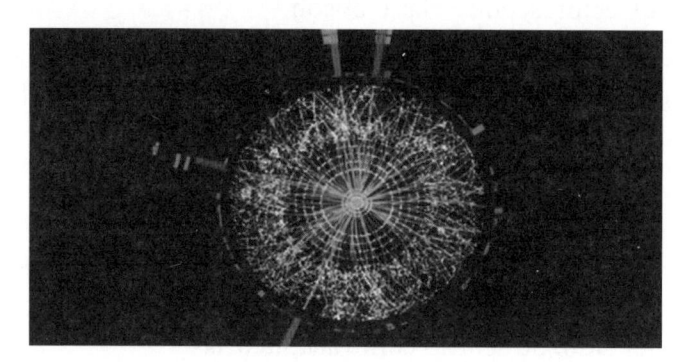

Imagem:[266] Todas as propriedades medidas (do bóson) estão de acordo com os prognósticos do modelo padrão e serão a referência para as novas análises dos próximos meses, antecipou o Cern em comunicado.

Todas as partículas que compõem o Universo têm sua função. Aos poucos vão sendo desvendados tais mistérios que a natureza

---

265. Fonte: http://www.gnosisonline.org/ciencia-gnostica/a-particula-de-deus/
266. Fonte: http://noticias.uol.com.br/ciencia/ultimas-noticias/efe/2015/09/01/cern-consegue-imagem-mais-nitida-do-boson-de-higgs.htm

reserva. É de grande utilidade entender e descobrir como estes elementos reagem para que possam ser úteis ao ser humano, tendo esse entendimento para o todo.[267]

> Bósons são apenas um tipo entre as quase inimagináveis pequenas partículas atômicas que, de acordo com a Física Teórica, são os blocos primordiais do Universo. Geralmente descritos como uma espécie de substância gelatinosa, os bósons de Higgs alteram as propriedades da matéria que viaja através deles, o que implica na existência da massa. Até pouco tempo, a massa era considerada uma propriedade tão básica da matéria que os cientistas sequer ousavam perguntar de onde ela vinha; existia, e pronto.

Mas, com o passar do tempo, as perguntas que surgem acabam tendo respostas satisfatórias, basta que as pesquisas avancem.[268]

> As formas em que se produz e desintegra um bóson de Higgs são variadas. Após se formar, o bóson deveria se desintegrar imediatamente em 58% dos casos em um quark e sua antipartícula. Conhecer as taxas de desintegração do bóson de Higgs é crucial porque qualquer desvio a respeito das que o modelo padrão prediz poria em dúvida o mecanismo que dá massa às partículas elementares e abriria a porta para uma física desconhecida.

Agora resta esperar pelas próximas descobertas para avançar na ciência.[269]

> No modelo padrão, o campo de Higgs consiste em dois campos carregados neutros e dois componentes, um do ponto zero e os campos componentes carregados são os bósons de Goldstone. Transformam os componentes longitudinais do terceiro-polarizador dos bósons maciços de W e de Z. O quantum do componente neutro restante corresponde ao bóson maciço de Higgs. Como o campo de Higgs é um

---

267. Fonte: http://www.gnosisonline.org/ciencia-gnostica/a-particula-de-deus/
268. Fonte: http://noticias.uol.com.br/ciencia/ultimas-noticias/efe/2015/09/01/cern-consegue-imagem-mais-nitida-do-boson-de-higgs.htm
269. Fonte: https://pt.wikipedia.org/wiki/B%C3%B3son_de_Higgs

campo escalar, o bóson de Higgs tem a rotação zero. Isto significa que esta partícula não tem nenhum *momentum* angular intrínseco e que uma coleção de bósons de Higgs satisfaz as estatísticas de Bose-Einstein.

Estamos provavelmente chegando perto de associar este elemento ao condensado de Bose-Einstein e sua relação com a consciência segundo alguns pesquisadores.

Conclusão

O mundo da pesquisa começa montar o quebra-cabeça do modelo padrão das partículas e também qual a sua relação com o ser humano.

Referências

HIGGS, Peter. *Simetrias Quebradas e as Massas de Bosons do Calibre*. A revisão física. Letters 13:508, 1964.

HIGGS, Peter. Peter Higgs. *Avaria Espontânea da Simetria sem Bosons Massless*. Revisão física 145:1156, 1966.

14

Roger Penrose e Hameroff

Roger Penrose, filho de cientista, que se dedicou à pesquisa, assim como seus irmãos se dedicavam à matemática e ao pensar, ou o irmão Jonathan ao xadrez.[270]

> Meu pai, Lionel Penrose, era cientista e membro da Sociedade Real (academia que reúne a elite científica do Reino Unido). Seu campo era a genética, mas tinha grande interesse pela matemática. Ele também adorava enigmas e quebra-cabeças, e o xadrez era seu passatempo favorito. Ele transmitiu seus interesses a mim e aos meus irmãos Oliver e Jonathan. Oliver tornou-se professor de matemática e membro da Sociedade Real, enquanto Jonathan foi dez vezes campeão britânico de xadrez.

Uma família que se dedicou a usar a inteligência para a vida e ampliar conhecimento. Uma história dedicada ao estudo e pesquisa.[271]

> Trabalhei com Stephen quando ele estava no início de sua carreira como pesquisador, na década de 1970. Depois nossas opiniões passaram a divergir em alguns pontos sobre princípios quânticos e buracos negros. Atualmente, uma das discussões que mais me empolgam na Física é se o Universo teve ou não uma fase de inflação após o Big Bang. Eu tive uma ideia maluca cerca de um ano atrás, que considera que o Big Bang foi precedido por uma fase de expansão do Universo muito similar à nossa situação atual.

---
270. Fonte: http://super.abril.com.br/comportamento/roger-penrose
271. Fonte: http://super.abril.com.br/comportamento/roger-penrose

Atualmente, Stephen Hawking já reconheceu a falha quanto aos buracos negros, e talvez tenham buracos cinza, se é que estes existem, mas outros estudos surgem no ano de 2016 quanto a ondas gravitacionais e buracos negros. Deu algumas contribuições na Física, mas realmente ele deve ter ficado famoso pelo fato de ser exemplo de superação.[272]

> Eu devo ressaltar que o meu ponto de vista sobre a base física do processo de consciência é ainda mais radical do que isso: acho que os fenômenos quânticos são relevantes no processo de consciência, mas não acredito que apenas isso seja suficiente. Existem fortes evidências de que a própria teoria atual da mecânica quântica precisa ser modificada! É dessa teoria renovada que precisaremos para explicar a consciência humana em termos físicos.

Se precisa ser modificada, é necessário implementar novos elementos, principalmente para explicar a consciência.[273]

> A consciência humana nunca será entendida se não considerarmos a Física Quântica. Mas mesmo a teoria atual não é suficiente para explicar o processo. Por outro lado, eu certamente não estou dizendo que os psicólogos devem também estudar a Física. Existem questões muito mais humanas que são de seu interesse, em que simpatia, empatia e compreensão são mais relevantes.

Os físicos, matemáticos, neurocientistas se dedicam ao estudo, mas se psicólogos também fossem acompanhar esse processo, seria ampliado o conhecimento sobre o psique humano.

---

272. Fonte: http://super.abril.com.br/comportamento/roger-penrose
273. Fonte: http://super.abril.com.br/comportamento/roger-penrose

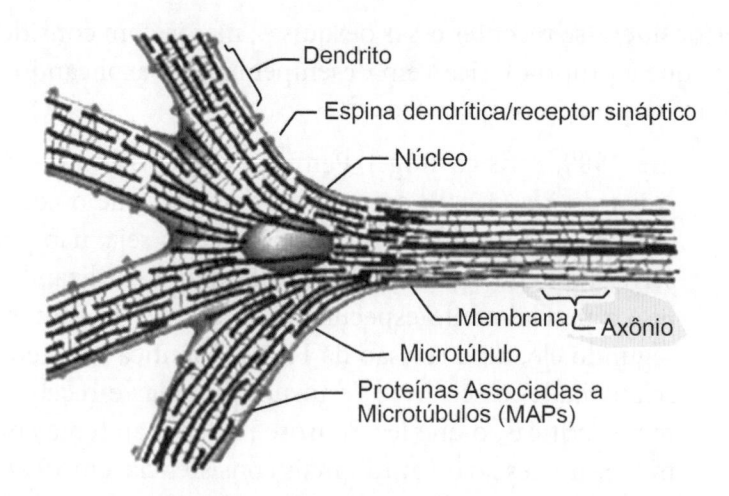

- Dendrito
- Espina dendrítica/receptor sináptico
- Núcleo
- Membrana
- Axônio
- Microtúbulo
- Proteínas Associadas a Microtúbulos (MAPs)

Imagem:[274] Penrose e Hameroff se utilizam de algumas propriedades biológicas do cérebro para desenvolver o modelo. Dentro dos neurônios existem os microtúbulos, que são uma espécie de cilindros formados por tubulinas. Penrose (1994) verifica que os microtúbulos têm propriedades dos números de Fibonacci (uma cadeia sucessiva de números cuja soma de dois anteriores é o próximo número: 0, 1, 1, 2, 3, 5, 8, 13, 21, 34...) nas relações de cílios e tubulinas, etc. Hameroff (2002) afirma que a rede de microtúbulos é fractal à rede neuronal.

Assim acontecem os avanços, com novas descobertas, teorias e modelos para a teoria da consciência que atualmente é aceita na comunidade científica. Apenas seriam necessários mais integrantes de pesquisa no processo que ainda caminha a passos lentos, que na verdade se mostrou mais a partir do ano de 1990.

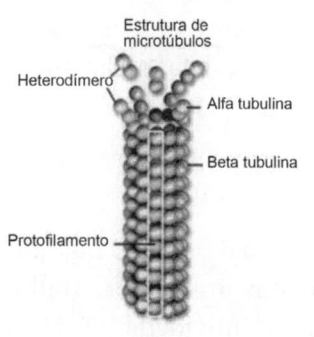

Estrutura de microtúbulos
Heterodímero
Alfa tubulina
Beta tubulina
Protofilamento

Imagem:[275] Estas tubulinas são bem pequenas, com cerca de oito nanômetros e têm funcionamento semelhante ao dos autômatos celulares, o que significa representar valores de 0 e 1. Para Penrose e Hameroff, nessas tubulinas existe funcionamento quântico.

---

274. Fonte: http://cosmoseconsciencia.blogspot.com.br/2009/03/diferencas-emaranhadas.html
275. Fonte: http://cosmoseconsciencia.blogspot.com.br/2009/03/diferencas-emaranhadas.html

Considera-se recentes essas pesquisas, mas já com considerável avanço que a própria Física vem desempenhando, explicando o outro lado dos princípios quânticos.[276]

> Em 1989, o físico Roger Penrose lançou o livro *A Mente Nova do Rei* (1989), em que ele defendia que o computador não poderia adquirir consciência, ou seja, não poderia ser exatamente igual ao cérebro humano. Utilizando uma Física parcialmente especulativa, que deveria contemplar, segundo ele, uma revisão da Física Quântica e da teoria da relatividade, o seu livro se tornou popular e recebeu inúmeras críticas, o que fez Penrose retornar ao tema com, ao menos no desejo do autor, mais consistência, em 1994, com a obra *Shadows of Mind* (1994), em que ele já especifica um funcionamento quântico no cérebro, baseado em artigos do anestesista Stuart Hameroff.

As críticas iniciais do livro fizeram-no rever alguns conceitos, vindo posteriormente com força e acompanhado de outro cientista para ampliar o modelo e a teoria com mais consistência.[277]

> Esse livro obteve menor aceitação, mas manteve a intensidade da discussão. Em 1996, Penrose e Hameroff lançam o seu modelo de consciência, intitulado *Orchestrated Reduction of Quantum Coherence in Brain Microtubules: a Model of Consciousness*, no congresso em Tucson, nos Estados Unidos. Mas antes de desenvolvermos o modelo de Penrose e Hameroff, faz-se necessário discorrermos sobre a Física Quântica, seminal para a compreensão do modelo em questão.

É necessário entender sobre a base da Física Quântica para a compreensão do modelo da dupla Hameroff e Penrose.[278]

> O fenômeno quântico chamado coerência ocorre quando muitas partículas podem cooperar em um único estado, fenômeno do qual emerge a supercondutividade. O físico Herbert Fröhlich (Penrose, 1994) traz a descrição de efeitos

---

276. Fonte: http://cosmoseconsciencia.blogspot.com.br/2009/03/diferencas-emaranhadas.html
277. Fonte: http://cosmoseconsciencia.blogspot.com.br/2009/03/diferencas-emaranhadas.html
278. Fonte: http://cosmoseconsciencia.blogspot.com.br/2009/03/diferencas-emaranhadas.html

vibracionais nas células ativas que poderiam ressoar com micro-ondas de radiação eletromagnética, o que possibilitaria a coerência quântica nos microtúbulos do neurônio, legitimando assim o modelo de Penrose e Hameroff.

Outros pesquisadores foram necessários para incluir, explicar o fenômeno da consciência aliada ao modelo de Bose-Einstein.[279]

Um problema recorrente em teoria da mente e nos estudos de consciência é o problema da ligação (*binding* problem). Onde no cérebro está localizada a função de ligar todas as funções: visão, audição, sinestesia, etc., ou seja: como eu tenho a sensação de unidade de todas as funções do cérebro? Para Penrose e Hameroff, essa ligação é feita pelo emaranhamento quântico, em espaços de poucos centímetros entre partes do cérebro.

Assim, a teoria quântica torna consistente para explicações de todo funcionamento do consciente, inconsciente, subconsciente, todas as ações e reações da memória psíquica. Penrose (1994) coloca que as relações entre mundo mental, mundo das ideias e mundo físico concebido a partir de Popper têm propriedades misteriosas, pois esses mundos parecem emergir um do outro, conectando-se como um triângulo impossível a que o pintor Escher tanto se refere:

Imagem:[280] O triângulo impossível de Escher.

Penrose e Hameroff criaram o modelo para explicar de maneira mais clara a mente humana.

---

279. Fonte: http://cosmoseconsciencia.blogspot.com.br/2009/03/diferencas-emaranhadas.html
280. Fonte: http://cosmoseconsciencia.blogspot.com.br/2009/03/diferencas-emaranhadas.html

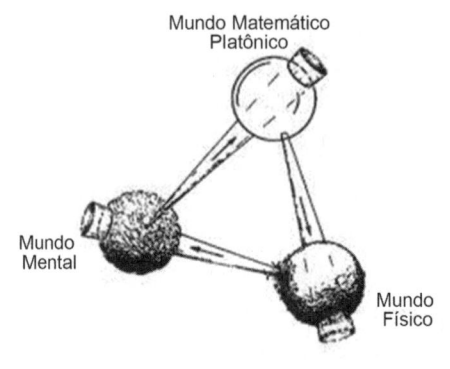

Imagem:[281] Abner Shimony, professor de Filosofia e Física da Universidade de Boston, responde a uma sequência de palestras de Penrose, em que este explica seus livros sobre consciência, registrada no texto sobre mentalidade, mecânica quântica e atualização de potencialidades (Penrose, 1997a). Shimony cita o seu *whiteheadismo* modernizado, afirmando que essa teoria fornece o que falta à teoria da mente de Penrose: a ideia de mentalidade como algo ontologicamente fundamental no Universo. Penrose (1997a) responde: "Embora eu não tenha explicitadamente afirmado nem em Emperor nem em Shadows a necessidade de que a mentalidade seja ontologicamente fundamental no Universo, acho que algo dessa natureza é de fato necessário".

Pois bem, também acredito que seja necessário compreender a mente do ser humano; pode ser um avanço considerável para humanidade.

Entender o conceito de homem, talvez seja a peça-chave que faltava para o progresso do ser humano.

A melhor maneira de agir, pensar e interagir com o meio em que vivemos pode transformar toda a sociedade como um todo.[282]

> Uma questão que fica aparentemente sem resposta no modelo de Penrose e Hameroff é: como as sequências de colapsos de onda, ou OR, manteriam uma sequência coerente no fluxo da consciência? Por que o colapso não é ora de um jeito, ora de outro? Quem vai responder é Henry Stapp (1994), que, também articulando Física Quântica e a filosofia de Whitehead, vai afirmar que os processos mente-cérebro quânticos se sequenciam não randomicamente, assim como a ocasião atual de Whitehead é uma sequência no devir: o nexus. A proposta de Stapp vai dar fomento à proposta de Hameroff de equivalência de OR com as ocasiões atuais.

281, Fonte: http://cosmoseconsciencia.blogspot.com.br/2009/03/diferencas-emaranhadas.html
282. Fonte: http://cosmoseconsciencia.blogspot.com.br/2009/03/diferencas-emaranhadas.html

Mais pessoas pensando, mais modelos para questionar e completar a ciência. Não que todos concordem com os modelos de Hameroff e Penrose, há críticos suficientes por aí sobre a tese dos dois.[283]

O modelo de Penrose e Hameroff recebeu várias críticas de vários campos de estudo da consciência: Dennet (1988) critica a utilização do teorema de Gödel feita por Penrose e diz que sua crítica às tentativas de I.A. baseadas em algoritmos é infundada. Searle (1998) insiste que a consciência é uma propriedade biológica do cérebro, o que tornaria desnecessária a utilização da Física Quântica.

Percebemos por aí afora outros modelos, alguns ainda bastante resistentes à Física Quântica.[284]

Chalmers (1996) afirma que o modelo de Penrose, como tantos outros, apenas é uma tentativa de explicar o problema fácil (*easy problem*): o que é a consciência? Porém, o problema difícil (*hard problem*) continua sem resposta: o que é a experiência da consciência? Tegmark criticou a ausência do conceito de decoerência quântica na obra de Penrose. Pinguelli Rosa e Faber (2004) respondem afirmando que a descoerência é compatível com a proposta de Penrose.

Muitas visões e modelos surgem; críticos é o que mais há, desde que foi iniciada a teoria quântica.[285]

A despeito das críticas que tanto Penrose como Hameroff receberam, acreditamos que, para além das questões relativas aos microtúbulos e tubulinas, a relação colapso de onda (ou OR) e consciência e, consequentemente, a relação entre sequência de colapsos de onda e fluxo de consciência, ou duração bergsoniana, são possibilidades relevantes para o nosso estudo, e as equivalências sugeridas por Hameroff (2002) nos remetem a atravessamentos que julgamos serem passíveis de frutíferas investigações.

---

283. Fonte: http://cosmoseconsciencia.blogspot.com.br/2009/03/diferencas-emaranhadas.html
284. Fonte: http://cosmoseconsciencia.blogspot.com.br/2009/03/diferencas-emaranhadas.html
285. Fonte: http://cosmoseconsciencia.blogspot.com.br/2009/03/diferencas-emaranhadas.html

Passando da década de 1990 para o ano de 2000, progressos são realizados com investigações feitas por outras equipes para verificação das observações e experimentos.[286]

> Hameroff e Penrose propõem que a consciência pode nascer de processos quânticos subatômicos que ocorrem nas estruturas proteicas dos microtubos. Eles afirmam que essas estruturas semelhantes a tubos passam por trocas entre dois ou mais estados, por causa ação de forças de atração química fracas, um processo que ocorre em nanossegundos.

Os microtúbulos, com todas as suas interações, explicam em meio ao todo os processos, com sinapses e neurônios, a consciência do modelo dos dois cientistas.[287]

> É sabido que as mudanças de conformação dos microtubos podem promover os processos clássicos de informação, transmissão e aprendizagem dentro dos neurônios. Por conseguinte, Hameroff e Penrose afirmam que, por causa desses processos, a qualquer hora podem ocorrer vários estados quânticos e possibilidades, e quando uma decisão é tomada, ela é o resultado do colapso de um estado, que então alcança a consciência. Isso é a chamada a teoria da Redução Objetiva Orquestrada (Orch OR, em inglês).[288]
> Talvez estudar o estado da mente humana durante uma parada cardíaca ajudasse a descobrir o mistério. Isto parecia ser a única vez em que poderíamos estudar o estado da mente humana em um momento em que a circulação para o cérebro havia cessado a um ponto onde não havia atividade elétrica possível de ser gravada nos centros de cérebro. Ainda assim, se a consciência verdadeiramente continuava e pudesse ser demonstrada objetivamente, como muitos afirmaram, isso com certeza seria uma descoberta significativa a respeito da natureza da consciência e o estado da mente humana no final da vida.

286.Fonte: http://www.guia.heu.nom.br/consciencia_quantica.htm
287. Fonte: http://www.guia.heu.nom.br/consciencia_quantica.htm
288. Fonte: http://www.guia.heu.nom.br/consciencia_quantica.htm

Provavelmente seja possível chegar a um consenso maior por meio de alguns experimentos durante uma parada cardíaca para encontrar soluções mais precisas.[289]

> Não obstante, Hameroff propôs um esboço da teoria quântica da consciência fazendo intervir, nas estruturas no coração dos neurônios, um fenômeno lembrando aquele da condensação de Bose-Einstein, do hélio superfluido e dos átomos ultrafrios de berílio (Be).

Conclusão

A dupla está entre os nomes mais fortes em termos de pesquisadores da consciência relacionada à Física Quântica.

Referências

CHALMERS, David J. *The Conscious Mind – in Search of a Fundamental Theory*. 1st ed. Oxford University Press., 1996.

DENNET, Daniel C., 1998, *A Ideia Perigosa de Darwin: a Evolução e os Significados da Vida* 1ª ed. Rio de Janeiro, Ed. Rocco.

HAMEROFF, Stuart. "Consciousness, Whitehead and quantum computation in the brain: panprotopsychism meets the physics of fundamental spacetime geometry", 2002 in: <http://www.quantumconsciousness.org>.

PENROSE, Roger;. HAMEROFF, Stuart, 1996, "Orchestrated reduction of quantum coherence in brain microtubules: a model of consciouness. 1st ed. in: Hameroff, Kaszniak e Scott (org.) Toward a science of consciousness – the first Tucson discussions and Debates. Massachusetts Bradford Book – The MIT Press.

PENROSE, Roger. 1994, *Shadows of the Mind – a Search for the Missing Science of Consciouness*. 1st ed. Oxford University Press.

PENROSE, Roger. 1997a, *O Grande, o Pequeno e a Mente humana*. 1ª ed. São Paulo, Editora Unesp.

PENROSE, Roger. 2005, *The Road to Reality – A Complete Guide to the Laws of the Universe*. 1st ed. New York, Knopf.

---

289. Fonte: http://lqes.iqm.unicamp.br/canal_cientifico/lqes_news/lqes_news_cit/lqes_news_2009/lqes_news_novidades_1285.html

PINGUELLI ROSA, Luiz;. FABER, Jean "Quantum Models of the Mind: Are they compatible with environment decoherence?" in: Physical Review E 70, 2004.

PINGUELLI ROSA, Luiz, 2005, *Tecnociências e Humanidades: Novos paradigmas, velhas questões – O Determinismo Newtoniano na Visão de Mundo Moderna*. 1ª ed. São Paulo, Paz e Terra.

POPPER, K. *A Teoria dos Quanta e o Cisma na Física*. 2. ed. Lisboa: D. Quixote, 1992.

SEARLE, John R. 1998, *O Mistério da Consciência*. 1ª ed. São Paulo: Editora Paz e Terra.

STAPP, Henry P., 1994, "Whiteheadian Process and Quantum Theory". Califórnia, in: http//members.aol.com/mszlazak/whiteheadrt.html.

15

Amit Goswami

Para os novos conceitos sobre consciência, atualmente com formação na área.[290]

Ph.D. em Física Quântica Amit Goswami é referência mundial em estudos que buscam conciliar ciência e espiritualidade. Conferencista, pesquisador e professor emérito do departamento de Física da Universidade de Oregon, Estados Unidos, leciona regularmente no Ernest Holmes Institute e na Philosophical Research University, em Los Angeles.

A revolução tem sido tanta que houve interesse por parte de pesquisadores para desvendar esse mistério que é a consciência. As perguntas são tantas para saber quem somos nós, que filmes e conferências realizadas sobre esse assunto tornam-se cada vez mais comuns.[291]

Autor de inúmeros artigos científicos publicados em revistas de medicina, economia e psicologia, escreveu também várias obras que estabelecem a relação entre Física Quântica e espiritualidade, dentre as quais se destacam os best-sellers *A Física da Alma*, *Criatividade Quântica* e o revolucionário e seminal *O Universo Autoconsciente*. Tornou-se mundialmente famoso no filme *What the Bleep Do We Know* [Quem Somos Nós] e sua continuação *Down the Rabbit Hole*, além

---

290. Fonte: https://portal2013br.wordpress.com/2015/09/22/os-cientistas-da-nova-era-decima-quarta-parte-amit-goswami-e-o-universo-autoconsciente-como-a-consciencia-cria-o-mundo-material-a-fisica-da-alma/
291. Fonte: https://portal2013br.wordpress.com/2015/09/22/os-cientistas-da-nova-era-decima-quarta-parte-amit-goswami-e-o-universo-autoconsciente-como-a-consciencia-cria-o-mundo-material-a-fisica-da-alma/

de participar dos documentários, *Alai Lama Renaissance* e o premiado *O Ativista Quântico*. Atualmente, dedica-se a ministrar palestras e cursos por todo o mundo.

Arrregaçou as mangas e está trabalhando para divulgar sua teoria a fim de ampliar conhecimento e de que todos saibam que somos senhores de nosso destino.

Temos um vasto campo de possibilidades ao nosso redor, esta é a tese de Goswami, dando continuidade passo a passo perante escolhas feitas.[292]

> Por exemplo: os objetos da Física Quântica são considerados ondas de possibilidades. Como essas possibilidades vão se espalhar pode ser previsto pela matemática quântica; mas como as possibilidades se transformam em realidade concreta não pode ser previsto. A consciência faz o colapso dessas possibilidades para ser algo, isso é o que chamamos de salto quântico. Então a consciência é incorporada na Física Quântica como o escolhedor da realidade entre as possibilidades existentes.

As escolhas são nossas entre as possibilidades, e a cada escolha surgem novas possibilidades, e assim sucessivamente.[293]

> Esse é o ponto mais fundamental e misterioso dos objetos quânticos. A Física Quântica afirma que os objetos se espalham em ondas de possibilidades, mas quando nós os observamos, os vemos como partículas localizadas. Acontece que eles não são partículas newtonianas, o que em Física Quântica significa que a sua trajetória não pode ser determinada, definida. Elas têm a possibilidade de seguir várias trajetórias, mas somos nós, com nossa autonomia, que escolhemos qual será a sua possibilidade.

---

292. Fonte: https://portal2013br.wordpress.com/2015/09/22/os-cientistas-da-nova-era-decima-quarta-parte-amit-goswami-e-o-universo-autoconsciente-como-a-consciencia-cria-o-mundo-material-a-fisica-da-alma/
293. Fonte: https://portal2013br.wordpress.com/2015/09/22/os-cientistas-da-nova-era-decima-quarta-parte-amit-goswami-e-o-universo-autoconsciente-como-a-consciencia-cria-o-mundo-material-a-fisica-da-alma/

Isso desencadeia uma série de probabilidades; conforme cada escolha, surgem várias formas seguintes de agir.[294]

O ato de observar determina a trajetória que será trilhada pela partícula. Contudo, esse efeito não é uma reação, mas uma coisa descontínua. Não pode ser dado um modelo matemático para isso. É um ato de escolha, de livre-arbítrio. Em todas essas possíveis trajetórias, a observação acaba escolhendo uma delas e a consciência acaba fazendo essa decisão. Todas as possibilidades existem dentro da consciência neste instante. O colapso pega todas essas possibilidades e faz resultar na partícula.

E continuando a explicar a teoria para consciência na qual o cientista Amit Goswami acredita,[295]

A humanidade tem de acordar, escutar, ouvir, ver esse universo autoconsciente. Existem duas fortes tendências: uma nos leva a estados de ser cada vez mais condicionados, a outra nos leva para um lado mais criativo. Nesta idade tão materialista, o condicionamento que nós recebemos é muito intenso. Quanto mais condicionados ficamos, mais distantes estaremos da realidade quântica.

Digo que quanto mais abrirmos espaço para escolher e avançar em termos de ampliar horizontes, mais temos consequências em atos realizados.

Neste século transformamos paradigmas que já não têm mais sentido, mudamos opiniões, conceitos, obtivemos aquilo que realmente faz sentido.[296]

---

294. Fonte: https://portal2013br.wordpress.com/2015/09/22/os-cientistas-da-nova-era-decima-quarta-parte-amit-goswami-e-o-universo-autoconsciente-como-a-consciencia-cria-o-mundo-material-a-fisica-da-alma/
295. Fonte: https://portal2013br.wordpress.com/2015/09/22/os-cientistas-da-nova-era-decima-quarta-parte-amit-goswami-e-o-universo-autoconsciente-como-a-consciencia-cria-o-mundo-material-a-fisica-da-alma/
296. Fonte: https://portal2013br.wordpress.com/2015/09/22/os-cientistas-da-nova-era-decima-quarta-parte-amit-goswami-e-o-universo-autoconsciente-como-a-consciencia-cria-o-mundo-material-a-fisica-da-alma/

Pode ser uma força boa, mas ainda é difícil usá-la corretamente. Há muita informação. Deve-se entender que a mudança radical ocorre primeiramente dentro de um grupo fechado. Na internet há uma quantidade tão grande de informação que a voz de quem realmente tem o que dizer fica perdida. Nós não precisamos tanto de informação, mas, sim, de transformação. Com muita informação as pessoas se tornam superficiais. E o estudo da Física Quântica exige que as pessoas vivenciem experiências mais profundas, que deixem o mundo superficial e entrem no mundo interior, que olhem para dentro. Tais experiências são de consciência não ordinária, o que resumimos no termo salto quântico. Nesses estados de consciência também podem ocorrer os estados não localizados, como o amor.

Estamos em uma era de informação, talvez como nunca visto antes, mas quem realmente quer dizer algo perde-se em meio a tantas vozes. Chegam informações do mundo todo, com uma facilidade enorme por causa da internet.

Conseguimos nos comunicar em tempo real pelo mundo, sem problema algum, a um custo muito baixo. Nunca em toda a história da humanidade foi tão fácil se comunicar com o mundo.[297]

Está acontecendo, bem no centro do materialismo, a transformação da ciência em si. Não tenho dúvida de que, dentro desse contexto, o paradigma científico está se deslocando. Daqui a algumas décadas, o peso dos resultados das pesquisas científicas será tão decisivo que irá deslocar de vez o antigo paradigma dualista. Será algo comparável à época em que se falava que a Terra, e não o Sol, era o centro do Universo. Quando isso acontecer, deverá ser atingida a mente mais popular. Daí, então, a felicidade e a consciência irão receber mais a nossa atenção. Porque hoje estamos perdidos, buscando alguma coisa sem saber bem o que é;

---

297. Fonte: https://portal2013br.wordpress.com/2015/09/22/os-cientistas-da-nova-era-decima-quarta-parte-amit-goswami-e-o-universo-autoconsciente-como-a-consciencia-cria-o-mundo-material-a-fisica-da-alma/

mas, quando isso acontecer, começaremos a procurar em nós mesmos a fonte dessa felicidade.

Busca-se felicidade longe, quando na verdade ela está muito perto. Este conceito deve mudar com o passar do tempo. A ciência está muito perto de comprovar cientificamente a Física Quântica ligada à consciência, e a partir dali entender como fazemos parte deste todo e como surgem as nossas memórias e ligação com o todo.[298]

O Universo é autoconsciente através de nós. No seu livro *O Universo Autoconsciente* demonstra como a consciência cria o mundo material. Cientificamente, pela Física Quântica, ele prova que o Universo é um conjunto superior, Deus. Isso torna sólida a sua afirmação de que é a consciência que cria a matéria e não o contrário, como até hoje crê no Realismo Materialístico implantado na ciência por Isaac Newton e René Descartes.

Talvez a humanidade tenha sido cegada durante muito tempo por acreditar em teses que não estavam corretas assim. Cientistas e pensadores como Newton e Descartes provavelmente colocaram uma nuvem escura sobre os olhos da humanidade. Mas é exatamente assim a ciência, não que eles tenham culpa, era apenas isso que se sabia até então; hoje sim, com tecnologias avançadas, é possível rastrear o cérebro humano e encontrar dados que completam.[299]

"Há que se observar que em todas essas descrições a Consciência é tida como única, mas chega até nós por meio das suas manifestações complementares, ideias e formas. Este é um importante e precioso componente da Filosofia Idealista."

É necessário reconhecer que somos individuais e ao mesmo tempo interligados com exterior.[300]

---

298. Fonte: https://portal2013br.wordpress.com/2015/09/22/os-cientistas-da-nova-era-decima-quarta-parte-amit-goswami-e-o-universo-autoconsciente-como-a-consciencia-cria-o-mundo-material-a-fisica-da-alma/
299. Fonte: https://portal2013br.wordpress.com/2015/09/22/os-cientistas-da-nova-era-decima-quarta-parte-amit-goswami-e-o-universo-autoconsciente-como-a-consciencia-cria-o-mundo-material-a-fisica-da-alma/
300. Fonte: https://portal2013br.wordpress.com/2015/09/22/os-cientistas-da-nova-era-decima-quarta-parte-amit-goswami-e-o-universo-autoconsciente-como-a-consciencia-cria-o-mundo-material-a-fisica-da-alma/

Vejamos, como exemplo, as propriedades quânticas seguintes:

1. Um objeto quântico (como um elétron) pode estar, no mesmo instante, em mais de um lugar (a propriedade da onda).
2. Não podemos dizer que um objeto quântico se manifeste na realidade comum espaço-tempo até que o observemos como uma partícula (o colapso da onda).
3. Um objeto quântico deixa de existir aqui e simultaneamente passa a existir ali, e não podemos dizer que ele passou através do espaço interveniente (o salto quântico).
4. A manifestação de um objeto quântico, ocasionada por nossa observação, influencia simultaneamente seu objeto gêmeo correlato, pouco importando a distância que os separa (ação quântica a distância).

Algumas das intervenções sobre objetos quânticos, para entendermos melhor a complexidade que estamos envolvidos constantemente.[301]

"Atualmente, numerosos físicos desconfiam que haja alguma coisa de errado no realismo materialista, mas têm medo de sacudir o barco que lhes serviu tão bem, por tanto tempo. Não se dão conta de que o bote está à deriva e precisa de novo rumo, sob uma nova visão do mundo."

É como na época em que Max Planck descobriu e iniciou a teoria quântica. Muitas dúvidas na época, e muitos estudiosos acreditavam que na Física já estava quase tudo completo e mais nada havia a descobrir. E, na verdade, iniciou-se uma grande revolução na ciência, talvez nunca vista antes em toda a história da humanidade.[302]

> Houve algumas mudanças em psicologia transpessoal, em biologia evolucionista, e em medicina. Mas acho que é correto dizer que a revolução que a Física Quântica causou na Física, na virada do século, seria baseada nessas transições contínuas, não apenas em movimento contínuo, mas também descontínuo. Não localidade. Não apenas transfe-

---

301. Fonte: https://portal2013br.wordpress.com/2015/09/22/os-cientistas-da-nova-era-decima-quarta-parte-amit-goswami-e-o-universo-autoconsciente-como-a-consciencia-cria-o-mundo-material-a-fisica-da-alma/
302. Fonte: http://www.saindodamatrix.com.br/archives/goswami.htm

rência local de informações, mas transferência não local de informações. E, finalmente, o conceito de causalidade descendente. É um conceito interessante, pois os físicos sempre acreditaram que a causalidade subia a partir da base: partículas elementares, átomos, para moléculas, para células, para cérebro. E o cérebro é tudo. O cérebro nos dá consciência, inteligência, todas essas coisas. Descobrimos, porém, na Física Quântica que a consciência é necessária, o observador é necessário. É o observador que converte as ondas de possibilidades, os objetos quânticos, em eventos e objetos reais.

Não foi descoberta antes a Física Quântica, então foi necessário esperar por tanto tempo as interações do cérebro, como funciona a inteligência, a memória, os acontecimentos.[303]

Eu diria que a revolução que a Física Quântica trouxe, com três conceitos revolucionários: movimento descontínuo, interconectividade não localizada e, finalmente, somando-se ao conceito de causalidade ascendente da ciência newtoniana normal, o conceito de causalidade descendente, a consciência escolhendo entre as possibilidades, o evento real. Esses são os três conceitos revolucionários.

Isso nos parece até aqui, mas certamente com o passar do tempo haverá ramificações e mais modelos em expansão, abrindo conceitos que serão estudados mais minunciosamente.[304]

Na Física Quântica, por sete décadas, tentou-se negar o observador. De alguma forma, achava-se que a Física deveria ser objetiva. Se dessem um papel ao observador, a Física não seria mais objetiva. A famosa disputa entre Böhr e Einstein, a que se refere essa disputa, basicamente, sempre terminava com Böhr ganhando a discussão, mostrando que não há fenômeno no mundo, a menos que ele seja registrado.

---

303. Fonte: http://www.saindodamatrix.com.br/archives/goswami.htm
304. Fonte: http://www.saindodamatrix.com.br/archives/goswami.htm

Essa foi a parte da Física que fez que houvesse avanços consideráveis, troca de ideias de pesquisadores, novas ideias borbulhando e interagindo com os outros.[305]

> Böhr não usou a consciência; mas atualmente, vem crescendo o consenso, muito lentamente, de que a Física Quântica não esteja completa, a menos que concordemos que nenhum fenômeno é um fenômeno, a menos que seja registrado por um observador, na consciência de um observador. E isso se tornou a base da nova ciência. É a ciência que, aos poucos, mas com certeza, vem integrando os conceitos científicos e espirituais.

Pelo visto está começando uma mistura que durante séculos foi negada pela ciência: aceitar a espiritualidade, ou melhor, opiniões provindas da mesma. Será que chegamos a uma época em que ciência e religião farão as pazes?[306]

> Na Física Quântica há um movimento contínuo. Ela prevê isso. Não há dúvida de que a Matemática Quântica é muito capaz, muito competente, e ela prevê o desenvolvimento de ondas de possibilidades. A matéria é retratada como ondas de possibilidades. O modo como elas se espalham é totalmente previsto pela Física Quântica.

Aos poucos, todo o processo sobre consciência vai sendo entendido, clareando todo o processo de transição da mente.

Temos escolhas, temos possibilidades para fazer aquilo que for mais conveniente.[307]

> Mas agora temos probabilidades de possibilidades. Nenhum evento real é previsto pela Física Quântica. Para conectá-la a observações reais, embora não vejamos possibilidades e probabilidades, na verdade vemos realidades. Esse é o problema das medições quânticas. E luta-se com esse problema há décadas, como eu já disse, mas nenhuma solução materialista, uma solução mantida dentro da primazia da matéria, foi bem-sucedida.

---

305. Fonte: http://www.saindodamatrix.com.br/archives/goswami.htm
306. Fonte: http://www.saindodamatrix.com.br/archives/goswami.htm
307. Fonte: http://www.saindodamatrix.com.br/archives/goswami.htm

Tiramos o véu que encobria os olhos dos cientistas. Certamente, isso ainda não é tudo que sabemos sobre observações, colapso da onda, medições quânticas sobre escolhas, probabilidades, possibilidades e realidade.[308]

> O que é interessante é que se postularmos que a consciência, o observador, causa o colapso da onda de possibilidades, escolhendo a realidade que está ocorrendo, podemos fazer a pergunta: qual é a natureza da consciência? E encontraremos uma resposta surpreendente. Essa consciência que escolhe e causa o colapso da onda de possibilidades não é a consciência individual do observador. Em vez disso, é uma consciência cósmica. O observador não causa o colapso em um estado de consciência normal, mas em um estado de consciência anormal, no qual ele é parte da consciência cósmica. Isso é muito interessante.

Mais perguntas e respostas. Cada vez mais se descobre sobre as possibilidades que estão à nossa volta.[309]

> O materialismo foi importante para mim. Eu trabalhei com ele, filosofei nele, cresci nele. Eu obtive sucesso em Física dentro da física materialista, mas quando comecei a trabalhar no problema da medição quântica, eu realmente tentei resolvê-lo dentro do materialismo. Enquanto todos nós trabalhávamos, falei com muitos físicos que atuavam no problema (este é o problema mais estudado da Física, um dos mais estudados).

Pelo visto, como sempre para os cientistas, haver mudanças de paradigmas durante o caminho, abandonar o velho, experimentar e aceitar o novo.[310]

> E todos tentávamos resolver este paradoxo: se a consciência é um fenômeno cerebral, obedece à Física Quântica, como a observação consciente de um evento pode causar o colapso da onda de possibilidades levando ao evento real que estamos

---
308. Fonte: http://www.saindodamatrix.com.br/archives/goswami.htm
309. Fonte: http://www.saindodamatrix.com.br/archives/goswami.htm
310. Fonte: http://www.saindodamatrix.com.br/archives/goswami.htm

> vendo? A consciência em si é uma possibilidade. Possibilidade não pode causar um colapso na possibilidade. Assim, eu tive de abandonar esse pensamento materialista.

Abandonar paradigmas é bem o conceito de quem quer descobrir algo novo, que ninguém havia percebido antes. Abandonar o materialismo foi ao encontro de possibilidades e enxergar mais longe um horizonte promissor.[311]

> Eu vim de uma questão muito inquietante, de como resolver um problema físico, um problema do mundo, pois esse é o problema mais importante do século XX. E a partir disso, esse salto conceitual, esse salto quântico perceptivo me fez reconhecer que o modo como espiritualistas veem a consciência é o modo certo de vê-la. E esse modo de ver a consciência resolve o problema da medição quântica. Ele nos dá a base para uma nova ciência.

Então, ciência e espiritualidade realmente dão-se as mãos e entram em um consenso de que as duas vivem juntas, e provavelmente a espiritualidade tinha algo a mostrar que não fosse tão ruim assim, ou tão em vão.[312]

> Esse condicionamento é o que nos torna indivíduos. Então, a questão é que, na Física Quântica, vemos claramente o papel da consciência cósmica, que eu chamo de ser quântico, no qual há criatividade, há forças criativas. E perdemos essa criatividade, ficamos condicionados. E o condicionamento nos faz parecidos com máquinas.

E não somos máquinas, somos humanos. Temos a forma livre de pensar e agir, sucessivamente.[313]

> Mas, ao mesmo tempo, na Física Quântica, existe a ideia de que todos os corpos de consciência, tudo o que pertence à consciência, inconsciência, são possibilidades. E por causa disso, por tudo ser possibilidade, surge a questão: alguém

---

311. Fonte: http://www.saindodamatrix.com.br/archives/goswami.htm
312. Fonte: http://www.saindodamatrix.com.br/archives/goswami.htm
313. Fonte: http://www.saindodamatrix.com.br/archives/goswami.htm

> pode ir além de arquétipos fixos e considerar arquétipos evolucionistas? Não se pode descartar o que Rupert tenta dizer. Houve uma ideia semelhante, de Brian Josephson, um físico que publicou um trabalho na Physical Review Letters, revista de grande prestígio, dizendo que as leis da Física podem estar evoluindo.

E estão evoluindo gradualmente, e, por que não dizer, completando ideias sobre fenômenos quânticos.³¹⁴

> Na Física Quântica, é muito claro que devemos esperar e esperar pela intuição, ver se há um salto quântico, uma resposta criativa como você a chama, se uma resposta criativa irá surgir. E é essa resposta criativa que é a resposta correta para solucionar essa ambiguidade em questões éticas. Quando a moralidade ou a ética são apresentadas como um conjunto de regras, e as pessoas seguem essas regras, elas perdem essa parte ambígua e, por causa disso, as regras perdem o sentido.

Pelas leis da Física Quântica usamos a nossa intuição, temos o poder de escolher o próximo passo.³¹⁵

> Passa a ser um conjunto de regras inútil, sem vida. Mas, se considerarmos a ética com vida e reconhecermos que temos um papel a desempenhar em todas as situações éticas, temos um papel a desempenhar em termos de irmos para dentro de nós, como as pessoas criativas fazem, combatendo isso, combatendo a ambiguidade. Então, o salto quântico da percepção virá e vai nos permitir tomar a ação correta.

Temos um papel importante na nossa vida, podemos usar a nossa criatividade, criar a realidade.³¹⁶

> A Física é matemática? Ela deve ser totalmente matemática? Essa é uma crença que cresceu gradualmente na Física, por causa do sucesso da matemática para expressar a Física. Há

---

314. Fonte: http://www.saindodamatrix.com.br/archives/goswami.htm
315. Fonte: http://www.saindodamatrix.com.br/archives/goswami.htm
316. Fonte: http://www.saindodamatrix.com.br/archives/goswami.htm

> duas coisas que devemos lembrar. Primeiro: não há motivo para a Física ser matemática. Às vezes os filósofos levantam essa questão. Nancy Cartwright escreveu um livro: *Why Do Laws of Physics Lie*. Ela estava argumentando que não há provas dentro da filosofia materialista de que a Matemática deve governar as leis da Física. De onde vem a Matemática? Pessoas como Richard Feynman, grande físico, Eugene Bigner, todos estudaram a questão. E não há resposta dentro da filosofia materialista.

Porém, levantando a questão do materialismo, a questão filosófica e matemática. Sabe-se que a Matemática explica todos os fenômenos da natureza e, assim, ela é aceita na comunidade científica; a experiência se comprova matematicamente.[317]

> Platão tem uma resposta: a matemática molda a Física porque surgiu antes da Física, faz parte do mundo arquetípico que discutimos. Assim, o idealismo de Platão é fundamental para entender o papel da Matemática na Física, em primeiro lugar. A Física em si precisa de algo além da matéria, ou seja, da Matemática e de arquétipos para ser uma ciência consistente. É preciso lembrar-se disso. O segundo aspecto da questão é o mais importante. Na Física Quântica, procuramos insistentemente uma forma matemática de encerrar a mecânica quântica.

E são as fórmulas matemáticas que calculam a Física Quântica, respondem questões que são resolvidas matematicamente, e assim entende-se ela.[318]

> Quando o matemático John von Neumann teorizou que a consciência provoca o colapso da onda de possibilidade quântica ao escolher e concretizar uma de suas facetas, tal ideia levou o físico Fred Alan Wolf a afirmar: "Nós criamos a nossa própria realidade". Porém, as imagens que a frase evocou geraram muitos desencontros.

---

317. Fonte: : http://www.saindodamatrix.com.br/archives/goswami.htm
318. Fonte: http://www.vidaplenaebemestar.com.br/consciencia/a-intencao-consciente-e-a-criacao-da-realidade-%E2%80%93-amit-goswami

Muitos rumos mudaram a ciência. A consciência depois dos anos 1990 ganha um novo olhar, quem se arrisca vai em frente para mostrar o caminho que está sendo aberto.

Conclusão

O autor Amit Goswami investiga a consciência e os meios pelo qual criamos as possibilidades e nossa realidade ao nosso redor. Estudiosos se lançam para esse novo olhar da humanidade para completar o que falta para haver uma visão mais completa do pensar, agir e memorizar.

Referências

AMOROSO, R. L.(org.), PRIBAM, K., GROF, S., SHELDRAKE R., GOSWAMI, A., DI BIASE, F. (2000), panel discussion in *Science and the Primacy of Consciousness: Intimation of a 21 Century Revolution*, Oakland: Noetic Press.

GOSWAMI, Amit. *Evolução Criativa das Espécies: uma Resposta da Nova Ciência para as Limitações da Teoria de Darwin*. São Paulo: Aleph, 2009.

16

Teoria Orch Or

Para definir e para que tenha um conjunto de explicações, normas, então Hameroff e Penrose criaram uma teoria que explicasse a consciência do ser humano.[319]

"Em uma revisão de 20 anos da teoria Orch OR (Orchestrated Objective Reduction, ou Redução Objetiva Orquestrada), os autores Stuart Hameroff e *sir* Roger Penrose afirmam que, das 20 previsões testáveis da teoria, seis foram confirmadas, e nenhuma foi refutada."

Um conjunto de teorias formando uma base sólida e com testes que foram confirmados, a dupla segue até hoje construindo uma explicação para o entendimento de como funciona a nossa mente, a psique do ser humano.

Sabe-se que por um longo período isso não era comentado em congressos e conferências, mas com a evolução da ciência então pesquisadores resolveram analisar mais a fundo esse assunto. As avançadas tecnologias também foram uma enorme contribuição para que estudiosos fossem se interessar mais sobre o assunto. Aparelhos modernos conseguem registrar melhor o que se passa no cérebro humano.[320]

> Os microtúbulos, vibrando na frequência de megahertz, acabam gerando padrões de interferência ou batimentos em frequências menores, batimentos estes que aparecem nos EEGs. Em testes clínicos, o cérebro foi estimulado com ultrassom transcraniano, e foram relatadas melhoras de

---
319. Fonte: http://hypescience.com/teoria-orch-or/
320. Fonte: http://hypescience.com/teoria-orch-or/

humor, que talvez venham a ser úteis no tratamento de Alzheimer e danos cerebrais no futuro.

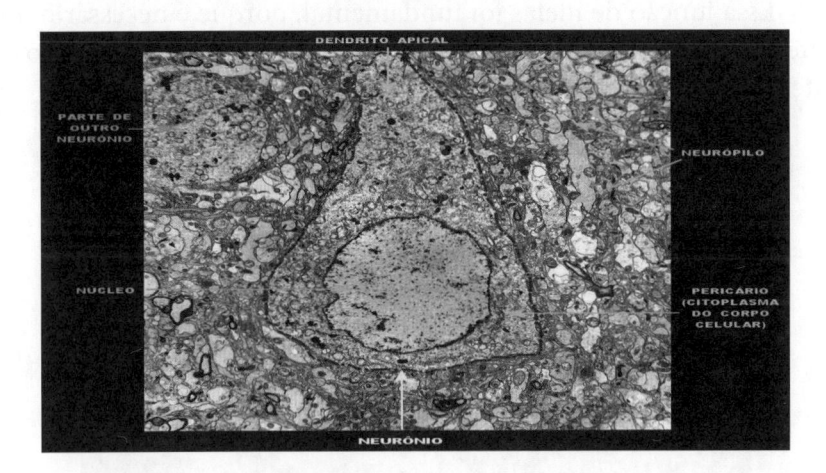

[Imagem: micrografia de um neurônio com legendas: DENDRITO APICAL, PARTE DE OUTRO NEURÔNIO, NEURÓPILO, NÚCLEO, PERICÁRIO (CITOPLASMA DO CORPO CELULAR), NEURÔNIO]

Imagem:[321] O neurônio.

Provavelmente foi necessário que grupos de pesquisa se juntassem, assim como a necessidade de especialistas de diferentes áreas de pesquisa para completar o conjunto de informações que são necessárias para criar uma teoria que complete todo o funcionamento da mente, cérebro, memória, átomos, neurônios, fala e pensamentos e tudo que forma o comportamento do ser humano.[322]

> A teoria, chamada de redução objetiva orquestrada (Orch OR), foi apresentada pela primeira vez em meados da década de 1990 pelo físico e matemático eminente *sir* Roger Penrose, FRS, Instituto de Matemática e Wadham College, Universidade de Oxford, e anestesiologista proeminente Stuart Hameroff, MD, Anestesiologia, Psicologia e Centro de Estudos da Consciência, da Universidade do Arizona, Tucson. Eles sugeriram que os cálculos quânticos vibracionais em microtúbulos fossem orquestrados (Orch) por entradas sinápticas e memória armazenados em microtúbulos, e terminado por Penrose, redução objetiva (ou), daí

---

321. Fonte: http://anatpat.unicamp.br/bineucortexnlme.html
322. Fonte: http://www.kaniala.com/descoberta-de-vibracoes-quanticos-em-neuronios-do-cerebro-dentro-microtubulos-suporta-teoria-controversa-de-consciencia/

Orch OR. Os microtúbulos são os principais componentes do esqueleto estrutural celular.

Essa junção de ideias foi fundamental, porque é necessário um entendimento de forma ampla de todo o processo de neurônios e interações, células e memórias.

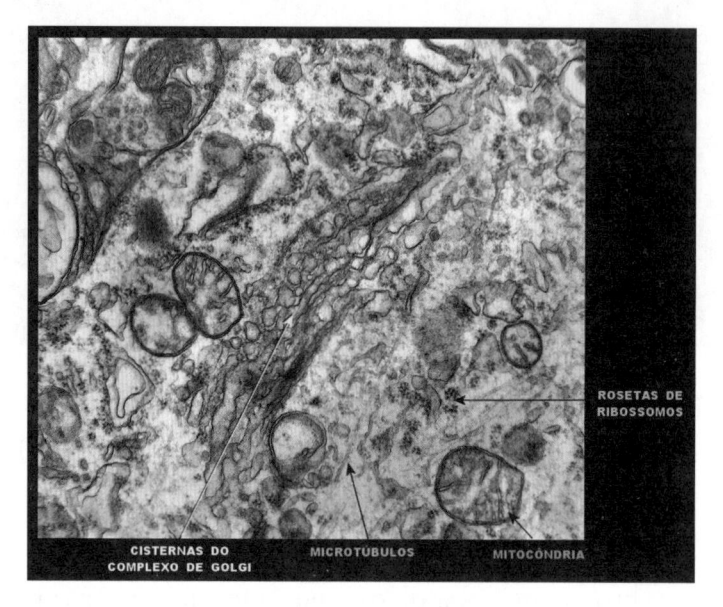

Imagem:[323] Cisternas do complexo de Golgi.

Os microtúbulos são até hoje a mais nova forma de compreensão para agrupar e processar informações de corpo e mente, ligadas fundamentalmente por uma explicação fundamentada na teoria quântica.[324]

> As características particulares dos microtúbulos que são apropriadas para os efeitos quânticos incluem o arranjo de sua estrutura similar à do cristal: núcleo interior oco, organização da função celular e capacidade de processamento de informação. Nós prevemos que estados conformativos das subunidades (tubulinas) dos microtúbulos são agrupados para eventos quânticos internos e interagem cooperativamente (computam) com outras tubulinas.

---

323. Fonte: http://anatpat.unicamp.br/bineucortexnlme.html
324. Fonte: http://psicologiarg.blogspot.com.br/2009/03/orch-or-model.html

A interação das tubulinas e a matemática explicando de forma mais sutil a consciência humana, se este processo ocorre em outros seres, ainda não foi testada, e se foi, ainda não foi divulgado. Este provavelmente será o próximo estudo nas décadas que virão.[325]

"Nós calculamos a emergência da coerência quântica dos microtúbulos com processamento pré-consciente que cresce (até 500 milissegundos) até que a diferença massa-energia entre os estados separados das tubulinas alcance um nível relacionado à gravidade quântica."

As funções sinápticas, no controle de transmissão de informações, e a relação espaço e tempo são levados em consideração.[326]

> Dessa forma, uma superposição transiente de geometrias espaço-tempo levemente diferentes persiste até que uma redução quântica clássica abrupta ocorra. Diferentemente da redução subjetiva SR (*Subjective Reduction*), ou R, aleatória da teoria quântica padrão causada pela observação ou por confusão ambiental (*enviromnental entanglement*), o OR que propomos nos microtúbulos é um autocolapso e resulta em padrões particulares de estados conformativos de microtúbulos-tubulina que regulam as atividades neuronais incluindo as funções sinápticas.

Não está sendo fácil resolver tal problema, mas acredita-se que graças ao avanço da ciência melhores resultados serão propostos nos próximos anos, ou ao menos, nas próximas décadas.

Hameroff e Penrose partem das explicações neurofisiológicas atuais para a consciência, que sugerem que esta é uma manifestação de padrões de disparos de grupos neuronais envolvidos em redes específicas. Mas concordam que mesmo as correlações precisas de padrões de disparos neuronais com as atividades cognitivas falham em resolver, o que, segundo eles, são as diferenças mais complicadas entre cérebro e mente, incluindo o problema difícil da natureza de nossa experiência interior.[327]

---

325. Fonte: http://psicologiarg.blogspot.com.br/2009/03/orch-or-model.html
326. Fonte: http://psicologiarg.blogspot.com.br/2009/03/orch-or-model.html
327. Fonte: http://psicologiarg.blogspot.com.br/2009/03/orch-or-model.html

> É necessário muito entendimento sobre todas as partes do cérebro, sobre o corpo e sobre todas as interações da mente, regiões do cérebro, sobre os pensamentos, as ações e tudo mais para organizar uma teoria como a dupla organizou. Não são cientistas que começaram ontem, pois é necessário um grupo de pesquisa forte com profissionais de muita base, sobre diversos assuntos.

O modelo também recebe críticas, como é normal em todas as teorias da ciência.[328]

> O modelo Orch OR, de Penrose-Hameroff, sugere que a computação quântica e a Redução Objetiva ocorre em microtúbulos, em dendritos, nos neurônios corticais do cérebro, podendo explicar, desse modo, os aspectos mais enigmáticos da consciência. A proposta computação quântica seria regulada por *feedback* (orquestração) por meio de proteínas associadas aos microtúbulos, ou seja, por redução objectiva orquestrada, ou Orch OR.

É um modelo que está sendo bem aceito pela comunidade científica, pelo fato de ser completo aos pontos da Física Quântica e explica de maneira que parece ser clara e é aceita por muitos cientistas.[329]

> É sugerido que esse nível crítico do Orch OR possa ter ocorrido entre vermes e criaturas simples similares no início do período do Pré-Câmbrico, há uns 540 milhões de anos. Talvez o advento da consciência primitiva tenha estimulado a adaptabilidade e a sobrevivência, acelerando a evolução. Por fim, salienta-se que a aproximação quântica é consistente com a ação da generalidade dos gases anestésicos, que anulam a consciência através de forças quânticas fracas, em bolsas hidrofóbicas de certas proteínas (receptores, canais, microtúbulos, etc.).

---

328. Fonte: http://ofuturodofuturo.org/off/conf/stuart.html
329. Fonte: http://ofuturodofuturo.org/off/conf/stuart.html

Tudo é possível, já que houve uma evolução do ser humano, em milhares de anos.

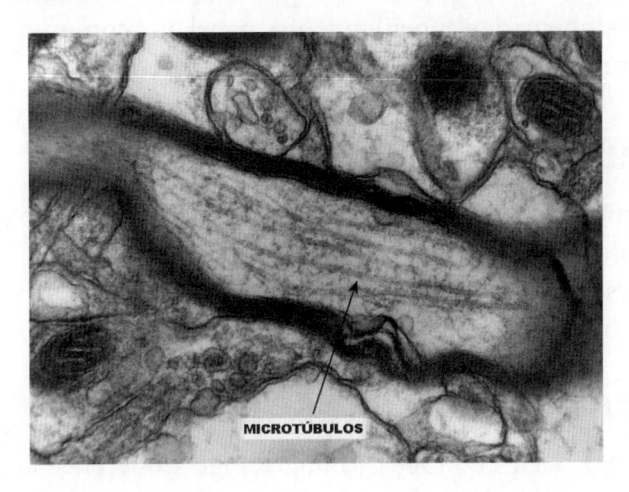

Imagem:[330] Microtúbulos.

As críticas fazem parte da pesquisa, já como Albert Einstein e Niels Böhr se reuniam e trocavam ideia sobre a teoria quântica, assim outros pesquisadores com ideias afins ou não realizam conferências e fazem explanação de seus experimentos e conclusões. Surgem novas teorias pelo mundo, e assim ocorre o avanço da qualidade de vida do ser humano.[331]

> Os autores Hameroff e Penrose afirmam que, depois de 20 anos de críticas céticas, a evidência agora claramente apoia a Orch OR. Eles acreditam que tratar as vibrações dos microtúbulos cerebrais poderá trazer benefícios a várias funções mentais, neurológicas e cognitivas. Certamente um avanço para o futuro, pelo estudo dos neurônios, suas interações e sinápses. Os neurologistas são os que mais se dedicam nesta área.[332]
> O citoesqueleto dentro dos neurônios é uma rede de polímeros proteicos que estabelece a forma do neurônio, mantém conexões sinápticas e cumpre outras tarefas essenciais. O componente principal do citoesqueleto são microtúbulos,

---
330. Fonte: http://anatpat.unicamp.br/bineucortexnlme.html
331. Fonte: http://forum.jogos.uol.com.br/papo-cabeca-no-vt---como-criar-um-universo_t_3387174
332. Fonte: http://www.fis.ufba.br/dfg/pice/ff/ff-22.htm

cilindros poliméricos ocos compostos de proteínas conhecidas como tubulinas. Aparentemente, os microtúbulos também desempenham um papel na comunicação e no processamento de informação celular.

Conclusão

O modelo contribui para o avanço da ciência. Mesmo com muitos anos de críticas recebidas por alguns cientistas, ainda a maioria de pesquisadores apoia o modelo e é conhecido amplamente pelo fato de explicar de maneira mais clara a consciência.

Referência

FRÖHLICH, H. (1968), "Long-Range Coherence and Energy Storage in Biological Systems", Int. J. Quantum Chem. 2, 641-9.

MADRAS® Editora — CADASTRO/MALA DIRETA

Envie este cadastro preenchido e passará a receber informações dos nossos lançamentos, nas áreas que determinar.

Nome _____
RG _____ CPF _____
Endereço Residencial _____
Bairro _____ Cidade _____ Estado ____
CEP _____ Fone _____
E-mail _____
Sexo ❏ Fem. ❏ Masc.   Nascimento _____
Profissão _____ Escolaridade (Nível/Curso) _____

Você compra livros:
❏ livrarias   ❏ feiras   ❏ telefone   ❏ Sedex livro (reembolso postal mais rápido)
❏ outros: _____

Quais os tipos de literatura que você lê:
❏ Jurídicos   ❏ Pedagogia   ❏ Business   ❏ Romances/espíritas
❏ Esoterismo   ❏ Psicologia ❏ Saúde   ❏ Espíritas/doutrinas
❏ Bruxaria   ❏ Autoajuda   ❏ Maçonaria ❏ Outros:

Qual a sua opinião a respeito desta obra? _____
_____

Indique amigos que gostariam de receber MALA DIRETA:
Nome _____
Endereço Residencial _____
Bairro _____ Cidade _____ CEP _____

Nome do livro adquirido: ***Só Somos Consciência Quântica?***

Para receber catálogos, lista de preços e outras informações, escreva para:

MADRAS EDITORA LTDA.
Rua Paulo Gonçalves, 88 – Santana – 02403-020 – São Paulo/SP
Caixa Postal 12183 – CEP 02013-970 – SP
Tel.: (11) 2281-5555 – Fax.:(11) 2959-3090
www.madras.com.br

MADRAS® Editora

Para mais informações sobre a Madras Editora, sua história no mercado editorial e seu catálogo de títulos publicados:

Entre e cadastre-se no *site*:

www.madras.com.br

Para mensagens, parcerias, sugestões e dúvidas, mande-nos um *e-mail*:

marketing@madras.com.br

SAIBA MAIS

Saiba mais sobre nossos lançamentos, autores e eventos seguindo-nos no facebook e twitter:

@madrased

/madraseditora